쉽게 읽는
전쟁영웅들의 **리더십** 이야기

쉽게 읽는
전쟁영웅들의 리더십 이야기

이 준 희 지음

KSI 한국학술정보㈜

쉽게 읽는
전쟁영웅들의 리더십 이야기

　단 하나밖에 없는 생명의 소중함을 모르는 사람은 그 누구도 없다. 초개(草芥)와 같이 생명을 버릴 수 있는 것은 용기(勇氣)가 있기 때문이다. 그 용기는 또 다른 삶, 즉 육신은 죽어도 영혼은 영원히 산다는 믿음이 있기 때문에 가능한 것이고, 나아가 고귀한 생명까지 버릴 수 있는 것이다. 33년의 짧은 삶이었지만 예수의 생애가 성인(聖人)이 될 수 있었던 것은 그의 십자가의 죽음이 만인의 죄를 대신했기 때문이며, 관창의 17세의 꽃다운 죽음이 있었기에 신라가 삼국을 통일하고 그 이름이 오늘날까지 빛나게 되었다. 값있는 일을 위해서 영광스러운 죽음을 택함으로써 영생(永生)을 찾고자 하였다.

　뿐만 아니라 고대로부터 현재에 이르기까지 소아(小我)를 버리고 대의(大義)를 선택함으로써 오히려 사람들의 뇌리 속에 영원히 함께 하는 사례가 많이 있어 왔다.

마사다의 비극, 고려 자존심 삼별초 항쟁, 폼페이 최후의 날, 황산벌을 사수한 계백 장군, 불멸의 신화를 창조한 이순신 장군, 해전사의 전설적 인물 넬슨 제독, 송악산 고지의 영웅 육탄 10용사, 민족 원흉을 처단한 의사 안중근, 하늘의 사나이 빨간 마후라, 소녀 장군 잔 다르크, 민족정신의 원류 화랑도. 여기에서 중요하게 생각해야 할 것은 전쟁 속 영웅들이 왜, 무엇 때문에 귀중한 생명을 버리느냐는 것이다. 국가에 대한 충성심의 표현, 주군에 대한 맹목적 복종, 종교적 신념, 집단의식 등의 다양한 이유가 있을 것이다. 동일한 행위일지라도 바라보는 시각에 따라 영웅적인 행위가 되기도 하고 천인공노할 원흉의 행위가 되기도 한다.

　　예를 들어 하얼빈 역에서 이토 히로부미를 살해했던 안중근 의사는 우리 입장에서는 일제의 압박에서 나라를 구한 위대한 영웅이었지만 그 당시 일본의 입장에서는 견해를 달리 했을 것이다. 이처럼 입장에 따라서 동일 행위에 대한 평가가 상반될 수가 있다. 따라서 이 글에서는 입장 차이에서 오는 행위의 진의(眞意)를 제대로 파악하기 위해 그 시대 속으로 들어가 영웅들의 입장이 되어 상황을 객관화시켜 보고자 시도하였다. 다시 말해 당시 상황하에서 영웅들이 처한 그들의 심정을 헤아려 보고 고뇌에 찬 결단의 의미가 무엇인지를 곰곰이 생각해 보았다. 내용 전개는 가능한 쉽게 표현함으로써 독자들의 이해를 돕고 핵심내용은 반복하여 언급해 줌으로써 전쟁 속 영웅들의 숭고한 정신을 생활화·체질화시켜 자연스럽게 본을 받을 수 있도록 유도하였다.

　　영웅들의 희생적 리더십의 공통점은 위기에 처한 국가나 영주를 위해 초개와 같이 몸을 던짐으로써 사람들에게 진한 감동을 주어 영웅으로 추앙받게 된다는 점이다. 동서양은 전장 환경이 서로 다르고 정치사회 문화적 이질성으로 인하여 리더십의 유형이나 특성 면에 있어서도 크게 상이함을 알 수 있다.

즉 동양의 리더들은 인(仁)과 덕(德)의 정치에 근간을 둔 인간애와 형제애, 포용과 관용, 통찰력과 직관력을 중요시하고 겸손을 강조한 반면에 서양의 리더들은 리더의 강인성에 기반을 둔 용맹과 투혼, 엄격함, 신상필벌, 귀족의식, 분석력을 중요시하고 리더의 솔선수범을 강조하고 있다. 다시 말해 서양의 리더들은 자신의 헌신적인 모습을 보여줌으로써 부하들이 자신의 길을 따라올 것을 유도하고 있는 반면에 동양의 리더들은 부하들의 내면을 움직이게 하기 위해 덕(德)과 훈훈한 인간미를 베풀었다. 동양과 서양은 서로 상이한 역사와 지형적 문화적 특성을 가지고 있기에 어느 리더십이 상대적으로 더 유용하다고 평가하기 어렵다. 다만 동양적 리더십 특성과 서양적 리더십 특성을 많이 공유하고 있는 지휘관일수록 전쟁에서 승리할 확률이 높다는 사실이다. 다시 말해 서양적 리더십 유형이라고 할 수 있는 용맹성과 엄격함, 동양적 리더십 유형인 인간애와 관용을 고루 갖춘 리더십을 발휘하면 전쟁에서 연전연승을 거둘 수 있다는 점이다.

그 대표적인 사례가 이순신, 나폴레옹 장군의 영웅담이라 하겠다. 이순신 장군은 일본과의 해전에서 23전 23승을 거둠으로써 불멸의 신화를 창조하였는데, 그 이유인즉은 항상 부하들의 안위를 걱정하여 그들과 동고동락하면서 인화단결을 중요시하였을 뿐만 아니라 평소 아겼던 부하 황옥천이 군무를 이탈하자 엄정한 군기강을 확립하기 위해 잡아다가 목을 베어 군중에 높이 매다는 등의 공사(公私) 구분을 엄격하게 하였다.

유럽전쟁사에 걸출(傑出)한 족적을 남긴 나폴레옹도 러시아의 침공에 대비하여 철저하게 경계근무를 설 것을 당부하면서 "만일 명령을 어긴 자는 총살에 처할 것이다"라고 엄명을 했지만 순찰도중 피곤해 잠들어 있는 병사를 대신하여 보초임무를 수행해 주는 관용과 따뜻한 인간미를 보여주었다. 즉 나폴레옹의 위대성과 빛나는 전공(戰功)도 외관상 강인함과 엄격함이 있었기에 그리고 내면적으로 따뜻한 인간미가 유유히 흐르고 있었기에 가능하였다. 이처럼 동서양 리더십의 장점을 고루 본받아 실천해 나갈 때 전쟁 위기상황을 극복하여 승리로 나아가는 것이 지름길이라 하겠다.

이처럼 전쟁영웅들의 살신성인적 리더십에 대한 교육은 국군 장병들의 정신전력강화를 통한 전쟁승리를 위해서뿐만 아니라 산업현장과 기업에 있어서도 매우 절실하다고 생각된다. 왜냐하면 기업이 많은 이윤을 얻기 위해서는 우선적으로 최고 경영진과 간부, 그리고 직원들이 개인적인 사리사욕보다는 몸담고 있는 조직을 위해 헌신하겠다는 의식이 갖추어져 있어야 할 것이다. 즉 이러한 자기희생적 리더십이야말로 이 시대가 요구하는 진정한 리더십이라 할 수 있을 것이며, 제2의 IMF와 같은 경제위기가 닥친다 하더라도 꿋꿋하게 생존하게 해줄 것이다. 어쩌면 우리가 살고 있는 각박한 현대사회야말로 소아(小我)를 버리고 대의(大義)를 위해 목숨을 바칠 수 있는 헌신적 인물들이 나타나 주기를 간절하게 염원할런지 모르겠다. 그러한 전쟁영웅들이 전쟁사에서 뿐만 아니라 대기업과 사회 속에서 속속 배출되어 국가를 발전시키는 원동력으로 작용해 줄 것을 기원해 본다. 아울러 젊은 후학들은 전쟁 속 영웅들의 숭고한 정신을 본받아 제2, 제3의 계백 장군과 이순신 장군으로 재탄생되어 한민족의 얼을 역사 속에 도도히 흐르도록 해야 할 것이다.

2008년 6월
수색에서 이준희

• 게시된 사진은 장병안보교육을 위해 인터넷 사이트(다음, 야후, 네이버)에서 COPY하여 사용하였음.

차 례

Ⅱ 정신사조에 의한 살신성인   133

인물/단체에 의한 살신성인

† 유대민족의 영원한 성전 마사다 요새

🔳 마사다에서의 결사항전, 그리고 자결

로 마군에 항복하여 굴욕스럽게 노예가 되느니 자유라는 이름의 수의(壽衣)를 입고 죽음을 택함으로써 오히려 적에게 정신적 패배의식과 섬뜩한 두려움을 안겨주어 유대민족의 정신이 영원히 살아 숨쉬고 있음을 일깨워 준 마사다 요새. 오늘날에도 이스라엘군 장병들의 교육훈련 수료식에서는 "마사다 정신을 잊지 말자"라고 적힌 철골아치에 불을 붙여놓고 그 앞에 도열하여 구호를 외치고 맹세를 하여 사관생도들은 임관 전에 마사다를 방문, 아

출처: 네이버
〈마사다 하늘〉

픈 역사를 상기하고 애국심을 고취한다고 한다.

A.D. 66년 이스라엘은 로마제국의 침략을 받고 70년간의 끈질긴 저항을 했으나 막강한 군사력 앞에 전 국토가 점령당하고 예루살렘이 로마의 수중에 들어갔다. 이에 지도자 벤 야이르는 960여 명의 유대인을 이끌고 로마군을 피해 마사다의 요새에 몸을 숨겨서 끝까지 저항하였다.

로마군은 반역에 대해서는 철저하게 응징한다는 것을 보여주기 위해, 결사 항전하는 960명의 유태인을 죽이는 데 수만 명의 군사를 동원하였다. 로마군은 마사다 요새 주변에 8개의 캠프를 만들고 캠프와 캠프 사이에 성벽을 구축, 마사다를 겹겹이 포위하여 유태인의 야간탈출을 원천적으로 봉쇄하였다. 시간이 흘러 더 이상 버틸 수 없는 상황에 이르자 마사다 요새의 이스라엘인들은 로마인들에게 잡혀 노예가 되느니 차라리 죽음을 택하겠다며 스스로 목숨을 끊었다. 자결하기 직전 요새의 지휘관인 엘리아쟈르 벤 야이르는 다음과 같은 연설을 하였다. **"자유롭게 죽음을 택하자!** 그리하여 적에게는 시체밖에 남겨주지 않도록 하자! 이것은 승리한 적에게 실질적으로는 패배를 안겨주는 일이요, 먼 훗날 우리 자손들의 승리를 보장하는 길이다. 우리 모두 자유라는 수의(壽衣)를 입자!" 이들은 항복하는 대신에 전원이 자결함으로써 유대민족의 저항정신이 죽지 않고 숨쉬고 있음을 증명하였다.

마사다의 저항의 근원은 시오니즘

이스라엘 민족은 수천 년 동안 세계 각처를 방랑하면서도 자신들은 신에 의해 선택받은 민족이라는 선민(選民)의식을 버리지 않고 언젠가는 메시아가 나타나 유대민족에게 약속의 땅인 시온(Zion)에 유대 국가를 이룰 것이라고 믿어왔는데, 이것이 수천 년 동안 이스라엘 민족을 이끌어온 저력이었던 것이다. 이스라엘 민족은 이러한 시오니즘을 바탕으로 1897년 스위스 바젤에서 제1회 시오니스트 회의를 개최하여 팔레스티나를 개척, 세계의 유대주의를 통합하고 민족의식 강화와 단결을 결의하였다. 로마군의 공격으로부터 유대인들이 끝까지 버티고 죽음으로 항전할 수 있었던 것은 바로 이 시오니즘에 의한 것이었다.

마사다의 저항이 남긴 교훈

첫째, 진정으로 승리하는 방법을 일깨워 주었다. 전쟁에서 당장 이기는 것만이 승리한 것이 아니라, 비록 지금은 역부족으로 패배하여 죽게 된다 하더라도 먼 훗날 역사가들이 평가함에 있어 순간적인 패배는 진정한 승리로 평가되고 그 죽음이 헛되지 않고 유대민족의 가슴에 영원히 살아 있음을 일깨워 주었다. 다시 말해 패배자로 굴욕적인 삶을 사느니 떳떳한 죽음을 택하는 것이 영원히 사는 것임을 일깨워 주었다.

둘째, 죽음을 불사하는 끈질긴 저항 이면에는 시오니즘이라는 사상

으로 무장되어 있었다. 신이 선택한 민족이기에 언젠가는 메시아가 나타날 것이라는 믿음은 숱한 시련과 역경을 이겨내고 유대민족을 이 지구상에 존재하게 해주는 정신적인 버팀목이 되었다. 즉 로마군에 완전 포위당하여 더 이상 물러설 곳이 없는 절박한 상황에서 유대인이 죽음을 명예롭게 선택하게 해 준 것은 시오니즘이라는 종교적 신념이었다.

셋째, 비록 외형적으로 사라진 국가일지라도 국민들 가슴속에 나라 사랑 정신이 존재하면 언젠가는 재건될 수 있음을 보여주었다. 유대민족이 2,000년 가까운 기간 나라 없는 민족으로 세계 각지에 떠돌면서도 지구상에서 영원히 사라지지 않고 이스라엘을 다시 세울 수 있었던 것은 마사다에서 보여준 저항정신을 바탕으로 한 국가 재건을 위해 어떠한 희생도 감수하는 참애국정신이 존재해 있었기 때문임을 주지해야 하겠다.

> 이스라엘은 우리를 위하여 다른 나라 청년들이 피를 흘려야 하는 모순을 환영하지 않을 것이며, 오직 우리 힘으로 충분히 싸울 것이다.
>
> ― 다얀(이스라엘 장군) ―

† 죽음으로 천황에 충성을 맹세하는 가미카제

▮ 죽음을 당연시한 자살특공대 가미카제와 가이텡

> **"내**
>
> 인생 22년이 꿈과 같다. 생의 의미를 오늘 하루에 걸고…… 이로써 일본제국의 역사를 영원히 수호하고자 한다. 천황 폐하 만세!"라고 2차 세계대전 당시 괌도를 공격한 가미카제 특공대 이시카와 세이조 중위는 말하였다.

1944년 10월 25일 오전 8시, 250kg의 폭탄을 실은 4대의 단발엔진 전투기가 필리핀 레이테만 미군 함정을 향해 돌진했다. '가미카제'가 세상에 모습을 드러낸 첫 순간이었다. 전투기들은 미 항모 1척을 격침시키고 3척을 파괴하고는 형체도 없이 사라졌다. 이후 일본 패망 때까지 2,500여 명의 인간폭탄이 마치 불나방이 불로 뛰어드는 것처럼 적의 함정으로 뛰어 들었다. 성공 확률은 겨우 6%. 가미카제는 군사작전이라기보다 적에게 두려움을 주는 심리전적 성격이 더 컸다.

일본해군 제1항공함대 사령관 오오니시 다키지로 중장은 열세한 항공 전력을 만회하려는 고육지책으로 인간이 비행기와 함께 적함에 부딪히는 가미카제 전법을 고안하였는데, 이 전법은 비인간적인 자살공격이고 일본군의 인명무시 정신을 단적으로 보여주었다.

〈카미카제 조종사들〉

가미카제가 하늘에서 시작된 자살공격이라면, 가이텡은 깊은 바다에서 시작된 자살공격이었다. 가이텡은 특수 잠수함의 표적에서 발전한 것으로 일종의 인간어뢰이다. 가이텡은 반잠수정으로 모함을 떠나서 적함에 접근하여 충돌 시 자폭장치를 터뜨려 폭발하도록 고안되었으며, 승무원이 목표물을 보고 격침하는 인간어뢰였다. 위의 두 가지 자살공격대의 연료는 편도거리만을 위해 충전해 줌으로써 작전 실패 시에는 추락하든지 물에 빠져죽는 수밖에 없었다.

▇ 신풍이라 불리는 가미카제

'가미카제'란 말의 어원은 어디에서 유래된 것일까? 고려를 굴복시킨 원(元)세조 쿠빌라이 칸은 1274년 일본까지 정복하려 했다. 3만 명의 여·몽 연합군은 일본 규슈의 하카타를 공격했으나 태풍으로 실패

했다. 7년 뒤에 쿠빌라이는 다시 14만 명을 동원, 2차 일본 정벌에 나섰지만 역시 태풍으로 실패했다. 기상 전문가에 의하면 여·몽 연합군이 두 차례에 걸쳐 연거푸 태풍을 만날 확률은 1%도 안 된다고 한다.

당시 몽골군의 막강한 육상전력을 감안하면 두 차례 중 한 번만이라도 태풍이 불지 않았으면 일본 정벌은 성공했을 것이다. 그러니 일본인들이 이 태풍을 '신이 보내준 고맙고 감사해야 할 바람', 즉 '가미카제' 즉 신풍(神風)으로 부르는 것도 무리가 아니다. 이러한 신풍은 이로부터 6백70여 년 뒤인 1944년 자살특공대의 모습으로 등장하게 된다.

한편, 누가 가미카제에 지원할 것인가? 가미카제 대원으로 출전한 사람 가운데 85%가 고등교육 이상을 받은 학도병이었으며 도쿄 제국대학 출신도 많았다. 이 학도병의 대다수는 진보적·급진적 사상의 훈련을 받은 사람들이었거나 휴머니즘과 이상주의에 깊이 몰두한 사람들이었다. 이들은 사쿠라꽃이 화사하게 짧게 피었다가 지는 것처럼 단 한 번의 작전 임무에 투여될 때까지 일본정부로부터 최대한의 대우를 받았다. 아이러니한 사실은 가미카제 특공대를 고안했던 오니시 다키지로 해군 중장은 패전 다음 날인 1945년 8월 16일, 가미카제 영령들에 대한 사죄를 담은 유서를 쓰고 자살했다는 것이다.

◀ 벚꽃으로 위장하고 칼로 무장한 일본 무사도

일본 가미카제 특공대의 전신이라고 할 수 있는 사무라이는 주 (主) 군을 위해서는 언제든지 할복할 준비가 되어 있고 전쟁에 나아가서는 벚꽃처럼 화려하게 피어나다가 빨리 사라지기를 갈망했다. 즉 사쿠라 (벚꽃)는 필 때는 화사하게, 질 때는 짧고 깨끗하게 지는데, 우리가 무궁화를 찬양하듯이 일본인들은 사쿠라를 꽃 중의 꽃으로 흠모한다.

가미카제 특공대도 사쿠라의 특성을 이용하여 벚꽃처럼 화려하고 짧게 살다가 사라지는 특성을 가지고 있다. 일본 무사도를 신봉하는 무리들의 변형된 모습이 가미카제 특공대이기 때문에, 가미카제 특공대의 특성을 제대로 이해하기 위해서는 일본 무사도와 사무라이 정신에 대한 이해가 필요하다. 일본 무사들에 있어서 칼에 의한 할복(割腹: 하라키리)은 하나의 법 제도이며 죄를 사죄하거나 불명예를 피하기 위해 스스로 성실함을 증명하는 수단이었다.

진정한 사무라이는 나라를 위해 언제든지 할복할 각오가 되어 있었고 주군을 위해 목숨을 바치는 것을 두려워하지 않았으며, 오히려 사무라이가 '사무라이 같지 않다'라는 말을 듣는 것을 큰 모욕으로 생각하였다.

▮ 전세의 불리함을 만회하기 위한 인간폭탄 가미카제

가미카제 특공대나 가이텡은 전세의 불리함을 만회하기 위한 수단으로 사용한 날아가는 인간폭탄, 인간어뢰를 공격의 꽃으로 미화하면서 수많은 인명을 희생시켰다. 이러한 행위는 이슬람교도에 의한 알카에다 자살폭탄 테러와 별다른 차이가 없지만 상대적으로 일본 군인의 생명경시사상이 원조격이라 하겠다. 가미카제 특공대원 중 상당수 젊은이들이 일본과 천황을 위하여 자원하여 죽음을 맞이하였던 것은 사실이나 다수 장병들은 죽음의 공포와 싸워야 했으며, 죽음을 강요하는 천황군대의 체질을 증오하고 거기에서 탈출을 위해 방황하였음이 그들이 남긴 일기와 편지에서 감지되었다.

〈가미카제 공격 항공기〉

가미카제 특공대를 통해 나타난 일본의 생명경시사상은 반드시 경계해야 한다. 이는 천황에게 충성을 맹세하기 위해 많은 젊은 장교들이 가미카제 특공작전에 희생양이 되었기 때문이다. 뿐만 아니라 가미카제 특공대는 일본 무사도의 주축인 사무라이들의 변형된 모습이기 때문에, 사무라이의 잔혹성에 대해서도 경계해야 한다. 주군에 대한 맹목적인 충성을 다하기 위해 아무리 사악하고 잔인한 행위라도 사무라이 정신의 가치체계하에서는 당연히 수행되어야 할 의무로 받아들여겼다.

　과거 일본군이 우리나라와 중국을 침략하여 생명을 빼앗고 잔혹한 만행을 저지르면서도 겉으로는 평화를 부르짖거나 엄연히 우리의 땅인 독도를 자기네 땅이라고 우기고 있으며, UN 안보리 상임이사국이 되려고 하면서도 신사참배를 통해 주변 국가들과의 갈등관계를 연출하고 있다. 이러한 모든 것이 주군에 대하여 충성을 다하기 위해서는 도덕심, 수치심도 무시하는 데에서 비롯되었다.

　　영웅은 범인보다 용기가 많은 것이 아니다. 다만 다른 사람보다 5분 정도 더 길게 용기를 지속시킬 수 있을 뿐이다.

— 애머슨 —

† 고려의 마지막 자존심 삼별초 항쟁

■ 끈질긴 저항으로 민족 자존심 지켜

"몽골군이 쳐들어와 온 나라를 짓밟고 백성들을 못살게 구는데,
왕은 그들에게 항복하였소. 40여 년간이나 몽골과 싸워왔는데 지금에
와서 항복하는 것은 말이 안 됩니다. 끝까지 싸워야 합니다."

고 려 정부가 세계 최강 몽골의 침략을 받고 굴욕적인 강화조약
을 맺고 있을 때, 강화도에서 진도, 제주도로 옮겨가면서 끝
까지 항복하지 않고, 여 · 몽 연합군과 맞서 싸웠던 삼별초의 끈질긴
저항은 굴복을 절대 용납하지 않는 기백으로 외적을 격퇴하고자 했던
고려무인의 자주정신을 발휘한 획기적인 사건이며 불굴의 기상을 표
출한 것이다 하겠다. 1170년 고려 원종이 문신 중심의 강경파와 함께
몽골에 갔다 와 백성들이 겪을 고초를 생각하지 않고 개성 환도의 명
령을 내리자 삼별초에 속한 무신들은 이를 더 이상 돌이킬 수 없는
몽골에 대한 굴복으로 생각하고 항전으로 맞서게 되었는데, 몽골군과
정부군의 연합군을 상대로 싸운다는 것은 승산을 바란 것이 아니었으

며, 오로지 조국의 강토를 짓밟은 침략자를 최후의 일각까지 내쫓고야 말겠다는 호국의지의 분출이었으며 민족자존의 근간을 세우는 것이었다. 다시 말해 **자신의 이익에 급급하여 조국을 버린 고려의 왕실과 신하와는 대조적으로 끝까지 저항하여 민족자존의 불씨를 되살린 삼별초의 임전무퇴 정신은 숱한 외침 속에서도 우리나라를 꿋꿋하게 지켜 준 버팀목이라 하겠다.**

〈삼별초 호국기념비〉

◀ 정예용사로 이루어진 삼별초

삼별초는 최충을 비롯한 최씨 무신정권의 친위세력이나 출신은 거의 농민 천민이었으며, 최초에는 최우가 도둑을 막기 위해 설치한 야별초에서 시작됐고, 점차 인원이 증가되면서 좌별초와 우별초로 나뉘어져 3별초가 되었다. 당시 무신정권이 도방을 중심으로 권력을 지키기 위해 친위대·특공대·정찰대 등의 개인 신변보호 차원의 사병을 강화하고 정규군을 괄시했기 때문에 정규군에는 노인과 약골들만 남아 있었다. 이에 반해, 삼별초는 정예 병사들로 구성되어 용맹과 전투력은 견줄 데 없었으며 전라도와 경상도 일대뿐만 아니라 전국 각지에서 민중들의 지지를 받았고 군사작전을 펼칠 수 있는 유일한 부대였다. 또한 정규군의 활동이 둔화되자 정규군의 임무까지 겸하여 싸웠으며, 강화도 수비는 물론 곳곳에서 중추적인 전투력으로 용맹을 떨쳤다.

삼별초가 진도를 점거한 후 경상도·전라도에서 세금으로 바치는 곡식이 개경으로 들어가지 못해 고려조정은 정치·경제적으로 큰 타격을 입었으며, 몽골은 일본정벌 계획에 지장을 받을 것으로 판단, 고려군과 합세 삼별초군을 진압하려 했다.

◀ 민중 지지를 바탕으로 반외세 투쟁의 선봉

삼별초 항쟁의 역사적 의의는 무엇인가?

첫째, 비록 무신정권의 친위세력이었을지언정 삼별초의 대몽 저항은

민중의 열광적인 지지를 받는 민족적 항거이다. 몽골은 가혹한 징발로 민중을 수탈하고 개경정부는 그 하수 노릇을 함으로써 정부에 대한 민중의 분노가 치솟고 있을 때 삼별초가 대몽 항쟁의 선봉에 나서자 민중들은 삼별초를 적극적으로 지지하게 됨으로써 반외세투쟁의 선봉자의 역할을 수행하였다.

둘째, 삼별초의 항전은 고려정부가 몽골의 침략에 굴복하는 것에 대한 반발이요 민족주체성을 끝까지 지키려는 자주정신의 발로였다. 삼별초가 고려정부가 멸망했음에도 불구하고 몽골에 대한 항전을 펼치는 것은 참으로 감동적인 일이다. 삼별초의 항전은 몽골과 고려연합군의 막강한 군사력 앞에 실패하고 말았지만 외침에 대항하여 끝까지 포기하지 않는 저항정신을 일깨워 주었다.

셋째, 민족주체성에 입각하여 체계적으로 저항을 전개하였다. 배중손은 야별초 노영희 등과 더불어 개경정부와 대립, 강화도에서 봉기를 일으켰다. 이로 인해 삼별초가 근거지를 진도로 옮긴 뒤, 새 정부를 세우고 11대 문종의 직계후손인 온을 황제로 받든 것은 이전 봉기들과 차별화되는 것이었다. 즉 자신들의 봉기를 단순한 항거가 아니라 외세에 굴복한 왕을 부정하고 새로운 정부를 만들어 대안으로 보여주려는 차원까지 승화시킨 것이었다.

▮ 고려무인의 전통적 기개

삼별초 대몽 항쟁 과정을 살펴보면서 군복 입은 군인으로서 배울 수 있는 교훈은 무엇일까. 무엇보다도 **삼별초의 나라 사랑하는 정신을 배워야 한다.** 개인의 일신 안위를 위해서 조국을 헌신짝처럼 버린 고려의 왕실과 신하들과 비교하여 삼별초는 외세의 침입에 굴하지 않고 저항을 통하여 민족자존의 의미와 진정한 애국심이 무엇인가를 일깨워 주었다. 또한, 임전무퇴의 정신을 가르쳐주고 있다. 강화도에서 진도, 제주도로 옮겨가면서도 항복하지 않고 여·몽 연합군과 맞서 싸우는 과정을 통해 우리에게 임전무퇴 정신을 일깨워 주고 있다.

〈삼별초
항쟁 그림〉

출처: 네이버

　3년간에 걸친 삼별초의 끈질긴 저항은, 여·몽 연합군 1만여 명이 추자도에서 출발, 제주도를 갑자기 공격하니 더 이상 버티지 못하고 김통정이 부하와 함께 자결함으로써 평정되었지만, 외부 침략자에 대하여 굽히지 않고 싸우려는 불같은 저항의식은 우리 민족에게 큰 감명을 주었다. **이러한 삼별초의 굳센 항전은 바로 고려인의 감투정신이**

요, 자주의식의 발로였으며, 고려 무인의 전통적 기개를 드러낸 것으로서 길이 간직되어야 할 자산이라 하겠다.

전승(戰勝)은 오직 준비에 있다. 위대한 장군은 하루에도 여러 차례 자문자답하여야 한다. 만일 어떤 위기에 처하여 장군으로서 당황한다면, 그는 이미 부대를 적절히 배치하거나 질서를 유지할 수 없을 것이다. 장군은 모름지기 난국(難局)을 구제할 방법을 강구해야 한다.

— 나폴레옹 —

첫째, 로마가 세계를 지배할 수 있었던 것은 황제의 명령을 목숨 걸고 지켜낸 보초병이 보여준 것과 같은 살신성인의 희생정신이 뒷받침되었기 때문임을 알아야 할 것이다. 화산폭발로 아수라장이 된 혼돈 속에서도 눈 하나 깜짝하지 않고 성문을 지키다가 화석이 된 보초병의 살신성인 근무자세는 진한 감동을 자아내며, 세계를 지배한 로마의 번영은 국가를 위해 개인을 희생할 줄 아는 살신성인 정신이 있었기에 가능했음을 일깨워 준다.

〈보초병 조각상〉

둘째, 최후까지 최선을 다한 보초병의 군인정신을 본받아야 할 것이다. 보초병도 똑같은 사람인데, 어찌 폼페이 최후의 날의 화산 덩어리와 붉은 용암이 두렵지 않았을 것인가? 그러나 그는 상부의 철수명령이 있기 전까지 동요됨이 없이 오직 자기 직분에 최선을 다했으며, 이러한 **로마 보초병의 철저한 근무자세는 우리 모두가 본받아야 할 것이다.**

셋째, 한편의 그림이 주는 감동을 잊지 말아야 한다. 폼페이 보초병의 희생정신에 대해 여러 차례 이야기하는 것보다 이 한편의 그림에 대한 설명을 통해 가슴 뭉클해짐을 느끼게 된다. 따라서 예술작품을 활용하여 감동을 자아낼 수 있음을 알 수 있었다.

　결론적으로 철수명령이 있기까지 화산폭발의 위기는 아랑곳하지 않고 최후의 일각까지 맡은바 소임을 완수한 보초병은 참군인의 표상일 뿐만 아니라 산업현장에서 근무하는 직장인·노동자에게도 시사하는 바가 크다.

　지휘관은 자기의 목표를 확실히 설정(設定)하고 자기가 원하는 것과 자기 방침의 기본적인 요점(要點)을 부하들에게 알리고 명확한 지도(指導)를 하여야 한다.

— 몽고메리 —

† 해전사의 전설적 인물 넬슨 제독

◀ 혁신적인 전술운용으로 승리 쟁취

〈넬슨 제독〉

19 세기 세계 최강 영국 해군을 창건한 넬슨 제독은 전투에서 눈을 잃고 오른팔을 잘리면서도 **불굴의 투혼과 끈질긴 군인정신을 발휘하였고, 영국 해군의 행동기준과 전통을 최초로 확립하여 국민적 영웅으로 각인되었다.** 또한 트라팔가 해전에서 기동성 극대화와 화력집중으로 승리를 쟁취하여 해전의 전설적 인물로 추앙받고 있다. 이렇듯 넬슨은 전세계 해군장병들에게 이순신 장군과 더불어 수병의 상징인물이며 19~21세기 가장 존경받는 해군 제독 중의 한 사람이다.

"잉글랜드인들이여, 그대들의 의무를 기대한다. 각자 맡은바 역할에 최선을 다하라." 이 말은 넬슨 제독이 트라팔카 해전 시 부하장병들을 독려하기 위해 깃발에 적어 항해장에게 올리게 한 문구이다. 한마디로 부하를 신뢰하고 믿으니 마음껏 제 기량을 발휘해보라는 것으로 어떠한 명령도 이보다 더한 권위를 가지기는 힘들 것 같다. 결국 이 전투에서 넬슨은 27척의 배로 33척의 적함을 상대로 무려 19척을 격침시켰으며, 영국군은 단 한 척만을 잃는 대승을 거두었다. 그러나 넬슨 제독은 이 전투에서 프랑스 저격수가 쏜 총탄에 맞아 치명적인 상처를 받고 쓰러지면서 "나는 20살의 약속을 지켰다. 나의 의무를 다했고 하나님께 감사드린다."라는 마지막 말을 남겼는데, 이는 최선을 다한 사람만이 할 수 있는 말이라 생각된다.

20년 동안 유럽을 장악해간 천하무적 나폴레옹 군대가 마지막으로 시선을 돌린 곳은 잉글랜드였다. 나폴레옹은 스페인과 손을 잡고 함대와 병력을 카디즈 80㎞ 동쪽 트라팔카 곶으로 집결시키면서, 전의를 고취시켰으나 이에 맞서 싸우는 영국의 넬슨 제독은 이전까지의 전술과 다르게 중앙 돌파로 적의 함대를 둘로 갈라놓고 90° 선회하여 적의 선열을 끊는 신전법을 구사하여 19대 적함을 격침, 나폴레옹을 무릎 꿇리고 전쟁에서의 승리를 쟁취하였다. 종전에는 해전이 군함들끼리 서로 전면전을 통한 힘의 세기를 겨루는 것이었다면, 넬슨 제독은 적진으로 치고 들어가 상대의 힘을 둘로 나눈 뒤, 각개 격파하는 신전법을 구사하였다. 이처럼 넬슨은 최악의 조건에서 역경을 극복하고 승리를 쟁취하는 천부적 지도력을 가진 위대한 군인으로 평가받고 있다.

✊ 헌신적인 투혼과 자발적인 동참 유도

트라팔가 해전의 영웅 호레이쇼 넬슨의 위대함은 다음과 같다

첫째, 넬슨 제독의 국가와 민족을 위한 헌신적인 투혼을 꼽을 수 있다. 20세에 영국 해군 역사상 최연소로 프리깃드함 함장으로 기용되어, 1794년 코르시카 칼비 지역 상륙작전 시 오른쪽 눈을 실명했지만 상륙작전을 성공적으로 이끌었으며, 1797년 캐너리섬 점령 작전에서 오른팔을 잘리면서도 투혼을 발휘하였고, 빈세트 봉을 점령하는 데도 결정적인 공헌을 하였다. 또한, 해전사상 전에 없이 치열한 것으로 유명한 덴마크 해군과의 코펜하겐 해전에 있어서도, 넬슨은 치밀한 작전계획과 과감성으로 승리를 쟁취하였다.

둘째, 휘하장병들을 "형제들"이라고 호칭하여 **가족과 같은 분위기 조성으로 인화 단결에 힘썼으며, 솔선수범하여 부하들에게 필승의 신념을 고취시키고 정신무장을 강화**시켜 영국군 승리의 원동력이 되었다. 영국군 병사들은 신병이 많았음에도 불구하고, 경험 많은 지휘관들의 헌신적인 지도 아래 일치단결, 전장에서 뛰어난 능력을 발휘할 수 있었다.

셋째, 상식을 뛰어넘는 새로운 전술을 구사하였다. 넬슨 제독은 트라팔카 해전에서 종전처럼 군함들끼리 전면전을 통한 힘의 세기를 겨루는 것이 아니라, 측면공격으로 상대를 혼란에 빠뜨리는 혁신적인 전술 운용을 구사하였다. 이와 같은 그의 전략전술은 미 해군제독 알프레드 타야마한에게 전해져 새로운 해군전투 이론 개발의 기초를 제공

했다. 트라팔가 해전 후 영국은 100년간 세계바다를 지배하면서 해양 강국의 명성을 누렸다.

넷째, 상하 간의 원활한 커뮤니케이션으로 전투의지 고양, 전투능력을 극대화시켰다. 트라팔카 해전 직전 "여왕을 위하여 맡은바 위치에서 최선을 다해 달라"는 메시지, 또한 항해장을 통해 깃발에 "그대들을 믿으니 각자 맡은바 제 역할을 성실히 수행해 달라."는 당부 등 일방적인 명령조가 아닌 상황을 설명하여 적극적인 동참과 지지를 호소하는 방식으로 전력을 극대화하였다.

▌맹목적 복종보다는 적극적인 동참 유도

넬슨은 전선을 뚫고 화력을 집중시키며 기동성을 극대화시키는 해군 전략전술의 달인으로서, 최악의 조건에서 역경을 극복하고 승리를 쟁취하며, 수병과 장교들 그리고 무기와 함선들을 하나의 응집력으로 일치

〈트라팔가 해전 장면〉

단결시키는 천부적 지도력을 가진 위대한 군인이었다. 그와 같이 해상에서 부하들을 완벽하게 통솔할 능력을 가진 사람은 드물었다. 병사들은 그의 친구이자 협조자였으며, 넬슨은 그들의 무조건적인 복종보다는

참여의식 제고를 통한 진정한 충성심을 기대하였다.

넬슨과 이순신은 유사한 점이 많다. 다 같이 해군으로 **인화단결을 중요시하였고 투철한 군인정신으로 임전무퇴의 투혼을 발휘, 끝까지 항쟁하여 승리를 쟁취하였다.** 또한 이순신은 학익진 전법을, 넬슨은 중앙돌파 후 90° 회전으로 적의 선열을 끊는 등의 새로운 전법을 구사하였다. 두 사람 공히 전쟁 중 해상에서 명예스럽게 숨을 거두었다. 이순신은 해전사의 불멸의 신화로, 넬슨은 영국해군 영웅으로, 전세계 해군 장병들에게는 수병의 상징적인 인물로 추앙받고 있다.

> 전쟁은 적군의 지휘관과 귀관과의 의지의 전쟁이다. 만일 귀관이 중요한 전황하에서 패배의 기분을 느끼기 시작하면 벌써 그 승리는 적에게 있는 것이다.
>
> — 나폴레옹 —

† 23전 23승 불멸의 신화를 창조한
성웅 이순신

▮ 철갑선으로 해전사의 기적을 만든 구국의 명장

"**신**에게는 아직도 12척의 배가 남아 있으니, 죽을힘을 다해 싸우면 오히려 승리할 수 있을 것입니다.**"** 이 말은 원균이 칠천량해전에서 대패하여 해상권을 상실한 최악의 상황하에서 삼도수군통제사로 재기용된 이순신이 명량해전을 앞두고 선조에게 한 말이다. 1592년 9월 15일 이순신은 12척의 전선으로 필생즉사 사필즉생(必生卽死 死必卽生)의 정신으로 명량해전에서 왜선 133척과 치열한 전투를 벌여, 적선 31척을 격파하고 제해권을 회복하였다.

우리 민족사상 많은 순국선열이 있었지만 그중에서도 가장 위대한 분으로 충무공 이순신을 우선 꼽을 수 있다. 충무공은 50여 평생을 사리사욕을 탐하지 않고 오직 나라를 사랑하였으며, 특히 임진왜란으로 민족이 존망의 위기에 처해 있을 때 결사항전으로 승리를 쟁취하여 국가와 민족을 보위하였다.

당시 조선은 왜의 침략가능성을 두고 국론이 분열되어 이에 대한 구체적인 방책을 세우지 못한 무방비상태로 임진년에 왜군의 침투를 받게 된다. 만일 이때 율

〈거북선〉

곡 선생의 십만양병설이 받아들여졌더라면 조선민족이 왜군의 침략을 사전에 봉쇄할 수 있었을 것으로 생각된다. 그러나 임진왜란이 발생한 지 20여 일 만에 수도가 함락되고 전국토가 초토화되었다. 오직 해상에서 이순신 장군만이 왜적의 침투가 있을 것을 대비, 비책을 마련하고 있었다. 이순신 장군의 유비무환의 노력에 힘입어 23전 23승의 전승을 거듭하여 왜군의 군수품 지원을 차단, 조선침략 전략에 차질을 빚게 함으로써 왜군의 진군을 저지하고 조선을 위기로부터 구하였다.

■ 동양의 넬슨으로 평가받는 이순신

1592년에 임진왜란이 발생한 후 410여 년이 지난 지금에도 이순신 장군은 우리의 가슴속에 생생하게 살아 숨쉬고 있다. 불굴의 용기와 뛰어난 통솔력, 전술가로서의 능력은 군인의 사표로 길이 남을 것이다.

또한 난중일기를 통해 보면 **가족에 대한 사랑이 절절히 묻어날 만**

큼 인간적인 면모를 지녔으면서도 남 앞에는 절대 내색하지 않는 엄격한 자세를 유지하였음을 알 수 있다.

특히 이순신 장군은 다음과 같이 높게 평가받고 있다. 해전사 연구가인 영국의 G.A 발라드 제독은 군사전략가로서의 이순신의 천재성에 대해 "넬슨과 동격에 둘 수 있는 해군제독이 있다는 것을 인정하기는 힘들지만, 어떤 전투에서도 승리할 수 있었던 이 동양의 해군사령관이야말로 그와 같은 인물이었다."라고 격찬하고 있다. 또한 명나라 장군 진린도 선조에게 아뢰기를 "이순신 장군은 경천위지(經天緯地)의 재주를 가졌고 보천욱일(普天旭日)의 공을 세웠다"고 하였다. 이렇듯 이 충무공의 위대함은 이역만리의 무장들에게도 확연히 비쳤음을 알 수 있다.

■ 창조정신에 의한 최고의 병법전문가 이순신의 위국헌신

성웅 이순신의 위대성은 무엇인가를 살펴보면 다음과 같다.

첫째, 임란을 예측하고 철저하게 대비책을 강구해왔다. 율곡 선생이 왜군침략을 대비하여 10만 양병설을 주장했지만 조정은 국론이 분열되어 이를 받아들이지 않았다. 이처럼 조정 차원의 국방 준비가 없었던 그 당시에 이 충무공은 자신의 지혜와 노력으로 군사를 불러 모아 훈련시키고 군복 그리고 조총 등의 무기를 만들어 왔다는 것은 놀랄만한 사실이다.

둘째, 아무도 생각하지 못했던 철갑선인 거북선을 발명하는 과학적 사고에 의한 창조정신을 지녔다. 충무공의 창조정신이 최고도로 발휘된 것이 거북선의 발명인데, 거북선은 세계 선박사상 처음으로 나타난 철갑선이다. 앞에는 용머리를 붙여 입으로 대포를 쏘고 등에는 쇠못을 박았으며 안에서 밖을 내다 볼 수 있어도 밖에서는 안을 들여다 볼 수 없고 적선을 뚫을 수 있도록 대포를 쏘았다. 충무공은 해전뿐만 아니라 육전에도 걱정을 많이 하였다. 아군이 고전(苦戰)해온 왜군의 신무기를 노획, 분석하여 조총을 만들어냈는데, 그 성능이 왜적보다 몇 배 더 우수한 것이었다고 한다.

〈이순신 장군〉

셋째, 명리(名利)와 권세를 초탈하여 지극한 정성으로 국가와 민족을 위해 봉사하였다. 32세의 늦은 나이에 무과에 급제, 관직생활을 하면서 엄격한 자기관리로 공사를 혼동하는 일이 없었으며 직무에 충직을 다하였다. 간신배들의 시기와 모함으로 백의종군 등의 여러 번 수난을 겪었지만 모함자들을 적대시하거나 원망하지 않으며 오히려 국가 은혜에 감사하고 일사보국의 열의만을 굳게 할 따름이었다. 뿐만 아니라 정의감이 강하여 불의에 당면하여서는 굽힘이 없었다. 그래도 장군의 충정을 알아주는 것은 민심이었다. 전란 내내 조선 백성들은 이순신이 가는 곳에는 백성들이 몰려다녔다.

넷째, 최후의 순간까지도 국가의 안위(安危)를 걱정하는 군인정신의

표상이었다. 노량해전에서 적탄이 공의 왼쪽 겨드랑이를 관통하여 선상에서 쓰러지셨지만 장자 회와 조카 완을 향하여 "방패로 내 앞을 가려라" 하였다. 이는 공의 죽음을 적에게 알리지 않기 위함과 부하의 사기를 저하시킬 것을 염려했기 때문에 하신 말씀이고, "전황이 긴박하니 나의 죽음을 알리지 마라"고 하셨다. 전투는 그대로 계속되어 마침내 승전고를 울리자 비로소 공의 사망이 공식적으로 공표되었다. 장군의 사망소식을 접한 병졸들은 통곡을 했으며 울음소리는 산천을 뒤흔들었다.

이와 같은 충무공의 정신이야말로 참군인정신의 표상이며, 그가 민족으로부터 구국의 성웅으로 추앙받는 까닭인 것이다.

다섯째, 조선 최고의 병법전문가이다. 12척의 배로 수많은 왜군을 어떻게 물리칠 수 있었을까? 생각만 해도 감탄이 절로 나온다. 사전에 철저하게 지형지물을 파악, 취약한 곳으로 적을 유인하여 단숨에 섬멸시킨 '학익진 전법' 등 지형적 특성을 고려한 전법 구상이 끝난 후에 전쟁을 치러 승리를 확인하는 과히 병법구사의 천재였음을 알 수 있다.

▌ 최후의 순간에도 자신의 안위보다는 나라일 걱정한 이순신

난세에 영웅이 난다는 말이 있듯이 충무공 이순신은 용(勇)과 지(智)가 출중하고 고매한 인격과 인품을 지녔을 뿐만 아니라, 왜군의 침략을 용맹과 뛰어난 지략으로 물리쳤다. 충무공은 가정에서나 공직에 있으면서 인덕(仁德)이 넘쳐흘렀다. 많은 전쟁공적을 조정에 알림에 있어 부하들의 공로임을 낱낱이 알리는 등 부하 개개인에 깊은 관심을 가졌던 것도 인덕의 표현이라 생각한다.

또한 과거시험에 낙마하면서 뼈가 부러지는 부상을 당하면서도 끝까지 포기하지 않고 나뭇가지로 상처를 동여매고 끝까지 최선을 다하여 공직자로서 취해야 할 기본자세를 일깨워줌으로써 개인적인 문제와 국가적 문제에 봉착했을 때, 어디에 주안점을 두어야 하는가를 충무공은 온몸으로 말해주었다.

그의 공적을 모략하는 간신배들의 음모와 두 차례 백의종군의 위기하에서도 창의력을 발휘하여 거북선을 제작하고 학익진 전법 구사 등의 천재적인 병법 구사로 왜군의 침략을 막아낸 충무공의 충성심에 감탄을 금하지 않을 수 없다. 죽어가면서도 나라의 뒷일을 걱정한 이순신 장군이야말로 민족의 영웅이다. 이와 같은 이순신 장군의 위국헌신의 자세는 계승시켜야 할 민족의 숭고한 얼인 것이다.

군기(軍紀)란 하루 이틀 사이에 이루어지는 것이 아니라 해와 달을 두고 가르쳐서 쌓일 때 가능한 것이니 지금부터라도 가르쳐라.(워싱톤, George Washington: 1732-1799, 미국 초대 대통령, 미국 건국의 아버지)

† 칭기즈칸의 명성 뒤에 숨겨진 모칼리의 살신성인

◢ 천년역사 가장 위대한 인물 칭기즈칸

역 사 비평가들은 세계에서 가장 위대한 인물로 칭기즈칸을 꼽는 데 주저하지 않는다. 그는 세계 전쟁사에 있어서 알렉산드리아 대왕, 나폴레옹과 함께 뛰어난 전략가, 정치가로서 유명하다. 뿐만 아니라 **1995년 미국 워싱턴 포스트지도 지난 천년간 가장 위대한 인물로 칭기즈칸을 선정**하는 등, 현대에 이르러서 칭기즈칸이 단순히 정복자가 아님이 드러나고 있다. 칭기즈칸이 참여한 전투를 역사적 근거로 분석, 그가 **천재적인 전술 및**

〈칭기즈칸〉

전략가임과 동시에 탁월한 적응 능력을 지닌 현실주의자임이 밝혀지고 있다.

칭기즈칸은 수십 년간에 걸쳐 주위의 부족을 정복하여 복잡한 유목민 사회를 하나로 통합하고 정착민들의 마음의 벽을 허물어 융화시켜 정복자의 포로들도 자기편으로 만드는 용병술의 대가였다. 칭기즈칸은 효율적인 군사 조직과 제도를 중요시하여 표준화했기 때문에, 정복에 의해 영토와 인구가 계속 확장되어 갔지만 시스템 내에서 전체적인 체계성을 유지할 수 있었다.

칭기즈칸은 공동체의 활력을 극대화하기 위해 개인 약탈을 금지하였다. 칭기즈칸은 유목군대가 갖는 전술적 장점인 속도경쟁, 장비의 경량화, 매복과 기습 작전 등등을 구사함으로써 군대와 전쟁의 역사는 칭기즈칸이 출현한 후에 혁명적으로 바뀌었다.

▌ 불패전사 모칼리의 살신성인

몽고군에는 **"친구를 둬도 사생결단을 같이 할 다정한 놈을 두어야지"**, **"태어난 곳은 달라도 죽는 곳은 같다"**는 두 개의 속담이 있었다. 첫 번째 속담은 친구라면 생과 사를 함께 해야 하고 두 번째 속담은 진정한 친구라면 함께 죽을 수 있어야 한다는 의미로, 두 가지 속담 모두 우정의 조건은 삶 자체보다는 죽음을 함께할 수 있는 데 있음을 강조하고 있다. 이처럼 몽고군들은 죽음조차도 가를 수 없는 형제애로 똘똘 뭉쳤다. 특히 칭기즈칸은 배반을 가장 싫어하였다. 적이라도 신의(信義)

를 지키는 자에게는 파격적인 보상을 해주었기 때문에 칭기즈칸에게는 자신을 위해 죽어줄 80명의 벗(누쿠르)들이 항상 가까이 있었다. 이 중 불패의 전사들을 '사준마'와 '사맹견'이라 불렀다. 이러한 '사준마', '사맹견'들

〈몽고군의 모습〉

의 헌신적인 자세와 맹목적인 충성이 없었더라면 칭기즈칸이 역사상 가장 넓은 영역을 정복하지 못 했을는지 모른다.

몽고군은 전우들이 싸우다 죽으면 방치하지 않고 형제와 벗의 시체를 되찾아왔다. 다시 말해 몽고군은 전우가 전사하면 반드시 그 시체를 찾아 낙타에 싣고 돌아왔던 것이다. 서정(徐霆)이 기록한 내용을 보면 군대에서 사망할 경우 만약 노비가 죽은 주인의 목을 낙타에 싣고 오면 주인의 가축과 재산을 지급하고, 다른 사람이 그것을 가져온다면 처와 노예 그리고 가축과 재산을 나누어 주었다. 그래서 몽고군은 죽어도 고향에 돌아갈 수 있다는 믿음으로 생명을 걸고 용감하게 싸워 전쟁에서 승리를 쟁취할 수 있었다.

한편 칭기즈칸의 명성과 대정복을 가능하게 한 것은 모칼리와 같은 벗이 있었기 때문이다. 그는 불패전사 사준마로 불렸던 자로, 칭기즈칸이 어떤 조건에도 매달리지 않고 편견 없이 동지를 만들었음을 보

50

여준 예라고 하겠다. **고려의 천민 출신이라고 알려진 최하층민 모칼리**는 칭기즈칸의 대정복 신화 창조를 위해 **3대가 과로사** 하는 기적적인 모범을 남겼고 칭기즈칸은 그에게 **훗날 지상 최대의 나라 금나라를 주었다.** 중국 대륙을 호령한 권(權)황제가 바로 그였다. 이처럼 믿기 어려울 정도로 칭기즈칸은 **최하층인 모칼리에게 최대한의 대우를** 해 줌으로써 모칼리는 물론 그의 아들, 손자까지 칭기즈칸에 충성을 다하다가 과로사로 죽었다고 하니 얼마나 칭기즈칸에 헌신했는가를 짐작이 가며, 칭기즈칸의 용병술이 사람의 마음을 움직이는 마력을 지녔음을 알 수 있게 하고 감탄사가 절로 나온다.

❶ 위대한 승리자 칭기즈칸의 용병술

징기스칸이 인류 역사상 최대의 영토를 정복하기까지는 남다른 용병술이 있었음이 분명하다.

첫째, 상하 간에는 형제애에 의한 정으로 똘똘 뭉쳤다. 앞서 언급했던 사준마 모칼리의 경우에서와 같이 생과 사를 함께할 친구관계를 중요시하였으며, 친구를 사귐에 있어 어떤 조건과 편견을 가지지 않고 동지가 되었음을 알 수 있다. 만일 전쟁수행 중 몽고군의 전사자가 많으면 점령지에 철저하게 복수하였고 의를 배반하는 자는 반드시 응징하였다.

둘째, 특권의식 없이 서민적인 생활을 하였다. 몽고군 안에서는 평등의 원칙이 지배하였다. 누구든 존칭을 붙이지 않고 이름을 서로 부르도록 한 원칙에는 칭기즈칸도 예외가 아니었다. 어떠한 지휘관도 사람들 앞에서 혼자 포식할 수 없었다. 칭기즈칸 자신도 '누더기 같은 옷을 입었다'는 등 평생 검소한 생활을 하였고 심지어는 황후도 '활을 풀어 옷을 해입었다'고 할 정도였다. 그러하기에 부하들은 열과 성을 다해 정복전쟁에 임했고 재산과 권력을 탐하지 않았다.

셋째, 어떠한 여건하에서도 생존할 수 있는 생활습성을 지니고 있었나. 몽고군은 선부에 임하면 불불을 가리지 않았고, 아무리 위험한 곳이라도 주저하지 않고 뛰어들었으며, 보급이 끊어져 어려움을 당하면 말 젖을 먹고 때때로 사냥한 들짐승을 먹으며 보통 1개월쯤 견디어 냈다. 남자는 이틀 밤낮을 말안장에서 내리지 않고 그대로 견디며 말이 풀을 먹는 동안 잠잘 수 있도록 훈련이 되어 있었다. 급한 임무를 수행하기 위해서는 10일쯤 불도 피우지 않고 고기도 먹지 않고 강행군할 수 있었다. 그동안 그들은 자기가 타는 말의 정맥을 끊어 그 피를 마시는 것이다. 또한 몽골군은 젖을 진하게 만들어 걸쭉한 풀처럼 만들어 군량으로 사용하였다.

넷째, 칭기즈칸은 적응력이 뛰어난 철저한 현실주의적인 인물이었다. 현실에 잘 적응하기 위해 몽고인의 부족한 부분에 대해서는 다른 인종의 우수한 사람을 발탁하여 우대하고 그들의 조언을 듣고 현명한 판단을 하였다. 다시 말해 칭기즈칸은 인종과 종교를 가리지 않고 인재를 등용했다. 칭기즈칸은 자기와 자기 부족의 부족함을 알고 다른 민족의 지식을 잘 활용할 줄 아는 명실상부한 지장(智將)임과 동시에 명장이었다.

다섯째, 독특한 병법을 사용하였다. 칭기즈칸은 손자병법에 나오는 공기무비 출기불의(攻其無備 出其不意) 전법을 최대한 활용했다. 그래서 추격할 때는 밤낮 가리지 않고 급히 추격하여 적이 예상하지 않는 시기와 장소에서 급습했으며, 적을 포위할 때도 적이 한 곳에 집중하여 돌파할 것에 대비하여 전열을 여러 겹으로 하여 포위망을 좁혀 나아갔다. 항상 더 많은 수의 적과 싸워왔던 칭기즈칸은 적이 강공을 하면, 재빨리 물러났고, 적이 굳게 지키면 반드시 혼란하게 만든 후 공격하였다. 그러나 공격이 시작되면 수단방법을 가리지 않고 쉴 새 없이 밀고 들어갔다. 특히 유럽인들은 몽고군이 보여준 필사적인 결의, 허를 찌르는 기동력, 상대방을 무력화시키는 전술 등에 대해 '황색공포(Yellow Peril)'라고 표현하였다.

여섯째, 칭기즈칸은 정보 입수 및 전달력의 귀재였다. 마르코 폴로가 쓴 '동방견문록'에 따르면, 이들은 제국의 어느 변경에서 일어난 일도 하루 밤낮을 쉬지 않고 500㎞를 달려 황제에게 보고되는 '잠'이란 역체(驛遞)시스템을 갖추고 있었다. 칭기즈칸이야말로 최초로 세계경영의 마인드를 가진 인물이었던 것이다. 칭기즈칸은 몽고군의 광범위한 첩보조직을 사용하여 적의 정보를 소상하게 알고 지휘함으로써 몽골군이 접근하기 전에 적은 이미 공포에 질려 있었다.

▌ 시대를 앞서 살다간 칭기즈칸

징기스칸과 그를 추종하는 불패전사들을 '800년 전에 21세기를 살다간 사람들'이라고 말한다. 칭기즈칸은 유라시아의 광활한 초원에서 시작하여 선대 때부터의 오랜 내전을 종식하고 몽고초원을 통일한 다음, 바깥세상으로 달려 나갔다. 칭기즈칸 시대에 정복한 땅은 777만 평방킬로미터에 이르는데, 이는 알렉산더 대왕, 나폴레옹, 히틀러가 차지한 땅을 합친 것 보다 넓다. 그의 통치철학과 전략, 전술이 현재의 우리에게 주는 교훈은 과거 역사의 한 단면일 뿐이라고 지나치기에는 너무 값진 것이다.

명품에는 진가가 반드시 있게 마련이듯이, 역사 비평가들과 워싱턴 포스트지가 동시에 과거 천년 동안 가장 위대한 인물로 칭기즈칸을 꼽은 많은 이유가 있다. **상하 간의 형제애 유지, 평등에 의한 서민적 생활, 어떠한 여건하에서도 생존능력 배양, 인종을 가리지 않는 인재등용, 독특한 병법구사 등이 그를 칭송하는 이유이다.** 특히 전쟁터에서 죽은 시체를 방치하지 않고 반드시 되찾아와 편안하게 안장해주어 전사들이 용맹스럽게 싸울 수 있도록 한 점, 칭기즈칸이 천민 출신 모칼리에 대해 남달리 배려한 점, 또 그 은혜에 보답하고자 열심히 일하여 모칼리 3대가 과로사 했던 점 등을 생각하면 칭기즈칸의 위대성에 감탄하게 되고 그의 인간적인 매력에 빠지고 싶은 충동이 생긴다.

> 장병 각자의 왕성한 책임감과 마음속으로부터의 협동심은 필승(必勝)의 요인이다. 이는 상관과 부하 간의 신뢰, 지휘관과 각 부대간의 상호 신뢰 속에서 이루어진다.

† 6일 전쟁 신화를 창조한 엘리 코헨의 살신성인

▌신도 감쪽같이 속은 6일 전쟁

설 마 아침에 공격해올까 하는 방심조차도 결코 놓치지 않는 이
스라엘 정보기관 모사드의 정보력으로 이스라엘 전투기가 레
이더망을 피해 안개 사이로 나타나……

옛날 유대 왕국이 멸망 후에 유대인들은 세계 각지에 흩어져 살면
서 나라 없는 설움을 받아오다가 1948년 5월, 수천 년 전에 자신의 조
상이 살았던 중동의 팔레스티나에 이스라엘을 세우게 된다. 쫓겨난 팔
레스타인은 세계 도처에서 유랑생활을 하면서 아라파트를 중심으로
망명정부를 세워 이스라엘과 싸우게 된다.

최소한의 생존권을 확보해야 하는 이스라엘 측은 전쟁이 불가피하
다고 판단되면 상대가 공격하기 전에 먼저 공격하는 예방전쟁 개념으
로 선제공격을 감행하여 1967년 6월 5일부터 단 6일 만에 전쟁의 승

부를 결정지었다. 이집트군 비행장과 요르단을 공격하여 대승을 거두었으며, 특히 난공불락의 시리아 요새 골란성을 10시간 만에 완전히 함락시켰다. 병력 수에 있어서 열세한 이스라엘이 대승을 거둠으로써 '6일 전쟁'이란 이름의 신화를 남기게 되었다. 이때 이스라엘 국방장관인 외눈의 모세 다얀 장군은 "엘리 코헨이 아니었다면 골란성 요새 점령은 영원히 불가능했을지도 모릅니다."라고 말하였다. 엘리 코헨은 세계적으로 명성이 높은 이스라엘 정보기관 모사드의 애국적인 영웅의 한 사람이다.

6일 전쟁에서 이스라엘 공군력이 이집트 비행장 기습작전에 성공한 것은 아랍인들의 정신적인 나태에 기인하지만, 더 결정적인 승리요인은 이스라엘 모사드에 의해 정확한 정보를 제공받아 적의 사소한 방심이나 헛점이라도 놓치지 않고 치밀하게 공격한 것에서 찾을 수 있다. 부연 설명하자면 아랍인들은 설마 아침 출근시간에 비행장을 공격해올까 하는 방심으로 조기경보장치 작동을 잠깐 멈췄고, 조종사들도 긴장을 풀고 있었다. 이스라엘은 이러한 사실을 모사드의 첩보제공으로 간파하고 있었기에 전투기로 이를 역이용, 레이더망을 피하기 위해 지중해로 멀리 우회했으며, 해상 50m 저공비행을 하여 나일강 안개가 막 걷히는 시간에 23개 레이더에 전혀 노출되지 않은 채 이집트 상공에 나타나 11개 비행기지 활주로를 우선적으로 폭파하고 이어 항공기와 기타 시설물을 정확하게 폭격했다. 이러한 사실에 대해 사람들은 레이더망을 무력화시키는 특수무기를 개발한 것이 아닌가 하고 착각할 정도였다.

▪ 정보기관으로 세계적 명성의 모사드

참고로 모사드 정보기관을 소개하면 다음과 같다. **"기만에 의하여 전쟁을 수행하라"**는 이 구절은 이스라엘의 전설적인 국가정보기관 모사드의 모토이다. 모사드는 이스라엘의 역사와 더불어 운명을 같이 해온 정보기관으로, 작지만 세계적으로 가장 강한 기관으로 자타가 공인하고 있다. 그 바탕에는 엘리 코헨과 같은 애국적인 영웅들이 존재했기 때문이다. 막강한 정보력, 살아 있는 전설, 1,200명의 첩보요원, 지구촌의 레이더 역할, 정보수집, 암살 등 활동마다 세계적인 명성을 얻고 있다.

구성은 해외정보를 담당하는 모사드, 국내 보안을 담당하는 신베트, 군사정보를 담당하는 아만, 외무부 산하의 정치기획조사센터 등으로 이루어져 있다. 모사드의 정식명칭은 'Ha Mossad le Modiin ule Tafkdim Meyuhadim'으로, 정보 및 특수임무 연구소로 번역된다. 모사드는 이스라엘 정보·보안 체계의 해외정보를 담당하며, 주로 인간정보와 비밀공작, 대테러활동 등의 임무를 수행하며 본부는 텔아비브에 위치하고 있다.

모사드가 자랑하는 첩보원으로는, 엘리 코헨 외에 이집트에 영국군 장교로 위장 잠입해 이집트 공군의 식사시간까지 기록될 정도로 상세하게 파악, 이집트 공군기지를 파괴하는 데 커다란 공헌을 한 첩보원 볼프강 로츠 등이 있다.

■ 엘리 코헨의 살신성인과 6일 전쟁 승리

1977년 7월 29일, 이 날은 전쟁으로 졸지에 아버지를 잃은 이스라엘 소년들의 성인식이 있는 날이었다. 가냘픈 소년이 단상에 올라, "내 조국 이스라엘을 위하여 헌신하여, 국민적 영웅으로 칭송받는 나의 아버지의 뒤를 따르는 충실한 아들이 될 것을 저세상에 계시는 아버지께 약속드립니다." 소년의 연설이 끝났을 때 참석한 사람들은 눈물을 훔치고 있었고, 심지어 강직한 메나헴 베긴 수상까지도 눈물을 글썽이지 않을 수 없었다. 바로 이 소년의 아버지는 이스라엘 모사드의 스파이 영웅 엘리 코헨(Eli cohen)이다. 그는 1924년 이집트에서 태어난 유태인으로 특수정보훈련인 사보타주 훈련을 마치고 정식 정보요원이 되었다.

그 후 그는 카말 아민 타베드라는 이름으로 다시 태어나 이력을 모두 교묘하게 조작하였다. 특히 국제적인 스파이 도시인 아르헨티나에서 구미 각국, 공산권, 나치아랍 정보원들과의 교류 경험은 그를 유명 정보요원으로 명성을 날리는 계기가 되었다.

코헨은 아르헨티나에서 아랍의 상류층들과 접촉의 범위를 넓혀 갔다. 바트당의 유력인사를 비롯 각국 대사와도 친밀하였으며, 특히 친밀한 사람은 시리아 대사관 무관 하페스 장군(후에 대통령)이었다.

시리아 육군본부 근처 거점을 확보한 코헨은 국영방송의 대남미 지역방송 담당자로 활약하면서 틈틈이 사귀어온 군 작전장교를 앞세워 전선의 진지를 시찰하고 뛰어난 기억력으로 모두 암기하고 종합정리하여 텔아비브로 송신하였다. 이스라엘군은 시리아군의 장비에 대해서

〈모사드 마크〉

도 상세한 정보를 갖고 있었는데, 그것도 코헨이 제공한 정보였다. 코헨이 입수한 정보에는 소련 고문단이 작성한 이스라엘 공격계획, 소련이 시리아에 제공한 무기사진, 골란고원의 시리아군 배치도 등이 포함되어 있었다. 특히 골란고원 시리아군 배치도는 6일 전쟁 시 이스라엘군이 승리하는 데 결정적으로 기여했다.

그러나 코헨이 시리아에서 첩보활동을 시작한 지 4년 만에 시리아 간첩본부는 '괴전파가 발생한다'는 신고를 받고 수사에 착수하게 되었고, 건전지를 이용, 송신하는 결정적인 실수를 한 코헨은 결국 덜미를 잡혔다. 마침내 그는 1965년 5월 18일 다마스커스 순교자 광장에서 수천 명이 모인 가운데 교수형에 처해졌다.

◢ 엘리 코헨의 헌신적인 첩보활동

이스라엘 6일 전쟁 승리의 신화는 우연적으로 이루어진 것이 아니라 '기만을 하더라도 전쟁에서 반드시 승리하라는 세계적 정보기관 모사드의 조직적 개입과 적지에 뛰어들어 목숨을 건 첩보활동을 통해 얻은 고급 정보를 이용, 조국에 승리를 안겨주고 교수형에 처한 엘리 코헨의 살신성인의 합작품이다.

무엇보다도 엘리 코헨의 위국헌신적인 첩보활동이 가장 중요한 역할을 했다고 할 수 있다. 개명과 변장, 굴욕감으로부터 벗어나는 법, 자만심을 없애는 훈련 등 사보타주 정보훈련을 통해 배운 것을 백분 활용하였다. 아랍 상류층과 친분을 쌓으면서 고급 정보를 얻었으며, 평소 친분이 두터운 군작전장교의 안내로 전선을 순찰하고 군사시설을 모두 정리, 종합하여 시리아군 배치도를 만들어 6일 전쟁 시 적극 활용하여 승리하였다.

1964년 10월 태어난 지 2주밖에 되지 않은 엄마의 품안에 있는 자신의 아들을 보고 "이 아기를 선물로 두고 떠나오"라는 말을 남기고 엘리 코헨은 영영 돌아오지 않았다. 2주밖에 되지 않았던 아기는 성장하여 성인식에서 자신의 아버지를 조국을 지키다 숨겨간 영웅으로 숭배하고 자신도 그 길을 자랑스럽게 뒤따르겠다고 한다. 이처럼 **조국 이스라엘을 지키는 것밖에 살 길이 없는 배수진의 상황하에서 첩보원 엘린 코헨의 헌신적인 활동은 이스라엘 전사에 있어서 잊혀지지 않는 신화로 남아 있다.**

> 육체적 피로와 금욕적 생활에 대해서 익숙해진 군대는 든든하다. 어려움을 자신에게 내려진 앙화(殃禍)라고 보지 않고 승리로 이끄는 수단이라고 보는 군대, 모든 덕과 업무를 단 한가지 목표, 즉 군대의 명예에 집착하는 군대, 이런 군대야말로 진정한 군인정신을 소유한 군대라고 할 수 있을 것이다.(클라우제비츠, K. V. Klauzewitz:1780-1831, 프러시아, 근대 군사이론가의 시조. 저서: '전쟁론')

† 민족원흉을 처단, 동양평화를 실현한 안중근

1 한국 의병 중장의 자격으로 죄인을 처단

19 09년 10월 26일 오전 9시 반 하얼빈 역에 각국 대표의 환영과 삼엄한 군대의 호위 속에 하차한 이토오 히로부미는 쏜살같이 달려든 안중근 의사의 사격 3발에 즉사하였다. 거사 소식이 세계 각국에 널리 퍼지자 내국인은 물론 해외거주 동포, 중국 인민들이 통쾌하게 생각하였다. 만일 대한 사람 누구나 안중근 의사가 민족원흉 이토 히로부미를 저격하는 총소리를 들었다면 꽉 막힌 가슴이 터지듯이 속이 후련

〈안중근 의사〉

하고 감격의 눈물을 흘렸을 것이다. 이토오로 인하여 한일합방이 되어 숱한 고통 속에 치욕의 날을 보내왔는데 안 의사가 민족의 이름으로 원흉을 처단했으니 얼마나 장하고 기쁜 일이며, 동포에게 값진 선물을

안겨준 셈이라 하겠다.

여순 감옥에 수감된 안 의사는 **"내가 이토를 죽인 이유는 그가 동양의 평화를 어지럽게 하기 때문에 한국 의병중장의 자격으로 죄인을 처단한 것이다."**라고 러시아 검찰관 예비심문에서 거사 동기를 밝혔다. 이 진술을 통해 안중근이 이토 히로부미를 살해한 것은 개인적인 원한이 아니라 대한의 군사령관 자격으로 세계 평화와 번영을 위한 것임을 알 수 있다. 그럼에도 불구하고 일제는 안 의사를 정치범이 아닌 개인 살해범으로 몰아 사형을 선고함으로써 안 의사는 대한제국 만세 소리와 함께 형장의 이슬이 되었다. 그 후 안 의사의 거사는 세계적인 사건으로 여겨져 그의 장거(長擧)를 기리는 수많은 글이 쇄도하였다.

● 자신의 죽음으로 참다운 충성을 구현

안중근 의사는 30년 7개월이라는 짧은 생을 살면서 오직 조국의 독립 쟁취를 위해서, 동양의 평화를 위해 초개와 같이 자신을 버리고 순국하신 성자이자 근세의 영웅이다. 그토록 평화를 갈망했던 인권주의자이자 민권운동가였다.

안중근 의사의 본관은 순흥이요 문성공 안유의 이십대 손으로 태어나서 가슴과 배에 검은 점 일곱 개가 박혀 있어 북두칠성에 응한 것이라 하여 이름을 안응칠이라 불렀다. 독실한 가톨릭 신자였으며, 말년 3년은 항일무력전쟁에 참가하였다. **옥중에 단지동맹, 인화단결론, 유묵해설 등의 많은 비화를 남겼다.** 조국이 독립이 된다면 천국에서라도 맨발로 춤추겠다던 그, 자신의 죽음을 예견하고 두 동생에게 "독립이 되기 전까지 시체를 고향으로 이장하지 말라."고 하였다. 자기희생만이 참다운 충성을 구현한다는 사실을 실천으로 보여준 인물이었다. 대한의 군 참모총장 겸 아령지구 군 사령관 직책을 맡아 의병군을 이끌고 경흥까지 쳐들어갔으며 블라디보스토크에서 동의회를 조직 애국사상 고취와 군사훈련을 담당하던 중 이토 히로부미가 러시아 재무장관과 회담하기 위하여

〈안중근〉

하얼빈에 온다는 소식을 듣고 살해를 결심하여 하얼빈에 잠입, 러시아 장교단을 사열하던 이토 히로부미에게 3발을 명중시켜 분노한 민족의 가슴에 숨통을 틔어준 그였다.

▮ 용맹한 휴머니스트, 참다운 군인정신의 표상

현대를 살아가는 우리들은 안중근 의사를 다음과 같은 인물로 정리해 볼 수 있다.

첫째, 진정 담대하고 용기 있는 휴머니스트다. 이토가 하얼빈 방문 시 삼엄한 경계를 뚫고 이토를 살해할 수 있었던 것도 애국심에 근거한 대단한 용기가 있었기 때문에 가능했으며, 살해 후에도 러시아 검

찰관 심문에 이토가 한국의 황후를 시해한 죄, 군대를 해산한 죄, 동양평화를 파괴한 죄 등 15가지의 거사동기를 당당히 밝힘으로써 주위를 놀라게 하였다. 또한, 비록 자신은 살인범의 누명을 쓰고 사라져 갔지만 과거 전투에서 포로로 잡은 일본군들을 주위 반발에도 불구하고 만국공법에 의해 인도적인 차원에서 석방해준 것을 보면 안 의사야말로 진정한 휴머니스트임을 알 수 있다.

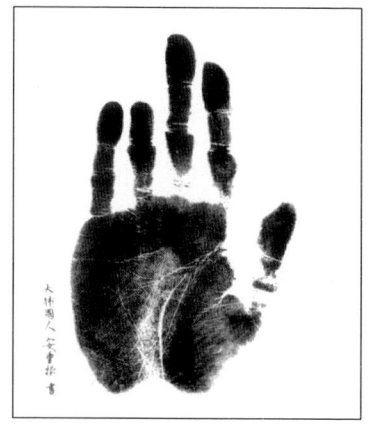

〈안중근 의사〉

둘째, 참다운 군인정신의 표상이다. 안중근 의사는 대한군 참모총장 겸 아령지구 군사령관 직책을 맡은 군인이다. 이토를 한국 의병중장의 자격으로 처단한 것이기 때문에 자신을 전쟁포로로 대우하여 달라고 스스로 주장할 정도로 軍人으로서의 자긍심이 컸음을 알 수 있다. 특히 그가 참군인임을 알 수 있는 것은, 자필로 적은 위국헌신 군인본분(爲國獻身 軍人本分)이라고 적은 한자어이다. 문진 대신에 찍은 손가락 잘린 지문 속에서 오직 국가를 위해 헌신하겠다는 안 의사의 결연한 의지를 느낄 수 있고 그야말로 참군인임이었음을 알 수 있다.

셋째, 동양의 평화를 부르짖는 사상가로 남아 있다. 우스치 하얼빈 공대 인문학부 교수는 "안중근 의사가 주장하였던 동양평화사상과 애국사상을 살펴보면 그가 단순한 테러리스트가 아니며 조선뿐 아니라 모든 아시아 국가를 포함한 동양평화를 염원했던 진정한 평화주의자임을 알 수 있다."고 강조한 바와 같이 안중근 의사는 이토 살해 동기를 통해 일제의 무분별한 야욕이 사라져야만 모든 아시아 인민들이 바라는 동양의 평화가 온다고 부르짖은 것이다.

안중근 의사는 한일합방의 원흉인 이토 히로부미를 뚜렷한 대의명분하에 살해하여 동양의 평화를 제공하고 자신은 살신성인의 희생을 하였다.

1910년 3월 26일 여순 감옥에서 서른둘의 아까운 나이에 처형당하였지만 그의 숭고한 평화정신과 참다운 충성의 실천은 오늘날 우리 젊은이들에게 깊은 감동으로 각인되어 계승되고 있다.

> 군인으로서 나라를 지키지 못하고, 신하로서 충성
> 을 다하지 못하면 만 번 죽어도 아까울 것이 없다
> ― 박승환 ―

† 진정한 리더십은 '사랑'임을 일깨워준 오기 장군

◀ 부하와 동고동락했던 오기 장군

자 신을 비우고 낮아지는 것, 그리고 상대방과 같아지는 것. 만약 오기 장군이 자신의 수레 위에서 한 발짝도 내려오지 않고 전쟁 중에 혼자서 좋은 음식을 먹고 좋은 잠자리에서 잤다면, 부하의 다리에 종기가 났는지 또 그가 얼마나 고통스러워하는지 알지 못했을 것이다.

생사가 달려 있는 전쟁터에서, 부하의 고충을 모르는 상관의 명령에 목숨 바쳐 충성할 사람이 몇이나 되겠는가? 부하가 죽음을 무릅쓰고 상관의 명령에 따를 수 있게 하려면 먼저 상관 자신이 부하들 앞에서 죽음을 무릅쓰고 헌신하는 모습을 보여주어야 한다고 오기 장군은 생각했을 것이며, 이것은 곧 **오기 장군의 뜨거운 부하사랑**에서 비롯된 것이라 할 수 있다.

오기는 지금으로부터 약 2,400년 전 분열과 통일을 거듭하며 처절한 생존경쟁을 벌였던 전국시대의 병법가로 명성을 떨친 인물이다. 오기는 공평무사하며 병사들의 마음을 잘 파악한다 하여 중국 서하의 수령으로 등용되었으며, 격동의 시대에 병법가로 재능을 인정받아 노나라에서 활동하게 되었다.

〈위나라의 병사들〉

총사령관으로 발탁된 오기는 맹렬히 공격해오는 이웃나라의 대군을 훌륭하게 격파하여 명성을 떨쳤다. 그러나 이를 시기한 중신들의 모략으로 공적을 인정받지 못하고 물러나야 했다. 새로운 벼슬길을 찾아 나선 오기는 위나라로 건너가 문후왕을 모시게 되었다. 당시 위나라는 열의로 가득찬 새롭게 부상하는 신흥국가였다. 오기는 문후왕의 기대를 저버리지 않았다. 76번의 싸움에서 64번의 승리를 거둔 오기의 눈부신 활약으로 위나라는 영토를 확장할 수 있었다.

■ 병사의 고름을 빨아준 오기 장군

장군으로서 그는 군을 지휘할 때에 **싸움에 이길 수 있는 전략과 전술을 중시하면서도 다른 지휘관과는 달리 병사들에게 남달리 신경을 썼다.** 위나라의 장군이었던 시절 그는 졸병인 병사 중에서도 가장 계급이 낮은 자와 의식을 같이했고 행군할 때도 혼자 수레에 앉아 있지 않았다. 누울 때도 깔 것을 쓰지 않았으며 외출을 할 때도 말이나 수레를 타지 않았다. 전장에서도 자신의 양식은 자신이 싸서 휴대하는 등 병사들과 동고동락을 함께 했다. 이 정도만으로도 장군으로서는 파격이라 아니할 수 없는데 오기의 경우에는 훨씬 더하여 어떤 때에는 종기에 시달리는 병사의 다리에 입을 대고 고름을 빨아내기도 했다는 이야기가 후일담으로 전해지고 있다.

오기 장군이 고름을 빨아낸 병사의 어머니가 나중에 이 사실을 알고 소리 내어 울었다. 그래서 어떤 사람이 "당신의 아들은 졸병에 지나지 않소. 그런데도 장군이 몸소 고름을 빨아낸 것이오. 울 일이 아니잖소?"라고 말하자, 병사의 어머니는 이렇게 대답했다고 한다. "그런 게 아니랍니다. 실은 지난해에 **오기 장군께서는 우리 애아버지의 고름을 빨아주셨습니다. 그 후 애아버지는 전쟁에 출전을 했는데 장군의 은혜에 보답하려고 용감하게 적과 싸우다 끝내는 전사하고 말았습니다. 듣자니 이번에는 자신의 아들의 고름을 빨아주셨다고 합니다. 이젠 그 애도 전사를 면치 못하게 될 것 같아 그래서 울고 있는 것입니다.**" 이러한 얘기를 통해 보아서도 오기는 용병에 뛰어날 뿐만 아니라 병사들의 마음을 아주 잘 헤아렸음을 알 수가 있다.

■ 전략전술과 위정자의 가르침이 담긴 오자병법

용병가인 동시에 정치가로서 활약한 오기의 생애를 그대로 반영한 『오자』에서는 싸움의 전략전술은 물론이고 정치에서 위정자가 갖춰야 할 마음가짐에 대해서도 깊이 다루고 있다.

『오자』는 전편에 걸쳐 싸움을 승리로 이끌어 가는 방법이라는 일관된 주제를 다루고 있다. 또한 **싸움에 이기는 방법으로 전략과 전술을 중시하면서도 국가조직의 기강을 다지는 일이 가장 중요하다고 언급하고 있다.** 그리고 국가의 기강을 세우고 내부 결속력을 끌어내기 위해서는 지도자의 덕이 필요하다고 주장하였다. 위나라의 문후왕이 오기에게 적과 맞설 때 철통같이 수비하면서 반드시 승리하는 방법이 무엇이냐고 묻자, 오기는 "위정자가 백성의 생활을 안정시켜 신뢰를 얻는다면 수비는 필요가 없고 싸우지 않고 이길 수 있다"고 말하였다.

또한 오기가 위나라의 문후왕을 모시고 배를 타고 서하강을 따라 내려간 적이 있었다. 주변 경치를 둘러보던 문후왕이 오기에게 말했다. "저 험준한 지형을 보시오. 정말 훌륭하지 않소? 저것이야말로 우리나라의 보물이오." 그러나 오기는 감격에 차 있는 문후왕

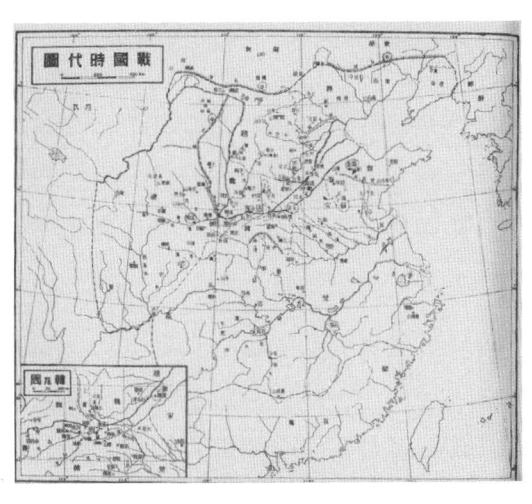

〈전국시대 지도〉

에게 찬물을 끼얹었다. 그는 험준한 지형에 지나치게 의존하여 멸망한 나라의 사례를 몇 가지 든 후 이렇게 말했다. "나라의 보물은 지형이 아니라 위정자의 덕이라는 사실은 지금 말씀드린 여러 사례를 통해서도 잘 알 수 있습니다. 만약 폐하께서 덕을 쌓지 않는다면 이 배에 함

께 타고 가고 있던 사람들까지도 폐하에게 등을 돌릴 것입니다." 이처럼 자신이 옳다고 여긴 말을 한 치의 두려움 없이 왕 앞에서도 내뱉을 수 있는 용기는 오기 장군이 가지고 있는 또 하나의 매력이기도 하다.

◀ 진한 감동을 자아내는 오기 장군의 부하 사랑

현대전에 와서는 전쟁을 이끄는 지도자의 역할보다 무기나 화력과 같은 외형적인 요소가 승패에 더 직결된다고 많은 사람들이 생각하고 있다. 하지만 여전히 지도자가 갖추어야 할 덕목이 전쟁승패를 결정짓는 중요 요인이 되는 것은 지도자의 솔선수범이 부하 장병들에게 미치는 영향력이 지대하기 때문이다. 이러한 점에서 오기 장군이 보여준 부하 사랑과 솔선수범의 정신은 부하 장병들에게 진한 감동을 주고 전의를 고양시켜, 전쟁에 참가해서도 용감하게 싸우게 하는 계기가 되었다.

진정한 리더십은 사랑이라는 것을 일깨워주는 사기의 손자 / 오기열전에 나오는 오기 장군의 일화는 병사의 고름을 자신의 입으로 빨아줌으로써 부하를 감동시켜, 병사로 하여금 그를 위해 목숨을 바치게 한다는 것을 말하고 있다. 평소에는 잘 따르는 것처럼 보인다 해도 상관을 위해 목숨까지 바친다는 것은 말처럼 쉽지 않다. 오기 장군은 먼저 자신이 부하들을 진정으로 사랑하는 모습을 보여주어야만 부하들이 죽음을 무릅쓰고 자신의 명령을 따르게 된다고 생각했기 때문에 그러한 행동을 했을 것이다.

구성원들을 감동시키는 인간적인 사랑과 정을 바탕으로 한 인간적 리더십의 중요성을 다시 한 번 일깨워주는 오기 장군의 사례를 통해서, 우리는 시대가 아무리 변한다 하더라도 사람들은 자신을 사랑하고 존중해 주는 리더를 따르고, 어떠한 어려운 일이 닥치더라도 존경하는 리더를 위해 자발적으로, 그리고 열정적으로 맡은바 소임을 완수하게 된다는 것을 깨닫게 된다. 즉 오기 장군의 일화는, 리더는 조직구성원들을 가족처럼 사랑하고, 이 세상에 하나밖에 없는 소중한 존재로서 존중해야 한다는 것을 시사해 주고 있는 것이다.

> 지휘관은 부하가 앉기 전에 앉지 말며, 먹기 전에
> 취식(取食)하지 말며, 춥고 더움을 부하와 같이 한다
> 면 부하는 사력(死力)을 다하여 지휘관을 따른다.
> ―강태공―

† 나폴레옹 군대의 명성 뒤에
무명용사의 살신성인

◢ 전 유럽의 영토를 점령했던 나폴레옹

"모든 것을 걸어야 한다면, 최전방에 저 어린 신병들과 함께 내가 던지는 내 목숨이야말로 최후의 카드가 아니겠는가."

나폴레옹이 남긴 이 한마디 말 속에는 **전쟁에서 승리하기 위해 필요한 희생정신을 부하들에게 강요하기보다는, 지휘관이 전장의 최일선에서 몸소 실천함으로써, 그러한 모습을 본 부하 장병들로 하여금 전쟁에서 후퇴할 수가 없게 됨을 일깨워주고 있다.**

19세기 프랑스 황제이자 장군인 보나파르트 나폴레옹은 근대 전쟁에서 가장 뛰어난 전술 구사와 과학적인 전쟁 수행, 뛰어난 용병술과 포병이라는 강력한 무기를 사용할 줄 아는 타고난 군사적 천재성 등을 바탕으로 유럽대륙을 정복, 20년 이상 유럽을 정치·군사적으로 지배했으며, 그 세력을 아시아와 아프리카까지 확장하였다. 그는 러시아까지

원정하려다 날씨에 대한 무지함과 무모한 원정 결정으로 치명적인 타격을 입긴 하였지만, 전 유럽의 거대한 영토를 정복했을 뿐 아니라 자신의 정치적 영향력과 사상을 전파하여 동서고금의 가장 위대한 군사 지도자들 중의 한 사람으로서 자리매김을 하였다. 특히 기동섬멸작전과 군단 이상의 전투력 개발, 2개국 이상의 국제연합 작전 구사는 현대전에서도 커다란 교훈을 남기고 있다.

〈나폴레옹〉

◢ 전투에서 이기고 전쟁에 패한 러시아 원정

1821년 6월 6일 나폴레옹은 45만 명의 대군을 이끌고 러시아 원정에 나서게 되지만 러시아의 지연작전과 기온 차이, 장마 비, 전염병 등에 의해 많은 병력 손실을 보게 되었다. 러시아는 전쟁준비가 미흡했기에 나폴레옹과의 결전을 회피하고 서서히 후퇴하여 장기전으로 끌고 갔다. 러시아군이 빠르게 후퇴하자 보급품 지원문제를 고려하지 않고 강행군을 계속하여 스몰렌스크와 브로디보에서 러시아군을 물리치고 9월 14일 천신만고 끝에 모스크바에 입성하게 되었다.

이때 병력은 절반 이하로 줄어들었고 모스크바는 불타 폐허화된 데

다가, 텅 비어버린 죽음의 도시였다. 한마디로 상처뿐인 영광을 얻은 것이었다. 러시아 총사령관에 임명된 쿠루조프 장군은 나폴레옹을 모스크바에 묶어두는 작전을 전개, 식량 보급이 끊어진 프랑스군은 고양이를 잡아먹는 등, 최악의 사태를 맞이한다. 9월 말이 되자 서리가 내리기 시작하고 날씨가 급격히 추워져 나폴레옹은 눈물을 머금고 철수를 시작하였다. 회피전술만 사용했던 쿠루조프는 이때부터 러시아 코사크 기병대를 활용하여 쉴 새 없이 기습공격을 하고 주력군으로 하여금 끈질기게 추격하였다.

나폴레옹 군이 스몰렌스크에 도착한 11월 9일경에는 식량이 바닥나 있었고 극심한 피로와 영하 30℃의 추운 날씨로 병력은 5만으로 줄어들었다. 나폴레옹군은 모든 물건을 버리고 맨몸으로 필사적으로 후퇴하나 러시아 기병의 기습공격, 굶주림, 질병, 피로, 사기저하, 영하 30℃까지 내려가는 추위 등으로(1812년 12월 6일 당시 얼음 결정체들이 공기 중에 떠돌아 다녔다는 설이 있음) 4일 동안 4만명이 얼어 죽었다고 한다.

🔳 최후까지 임무완수에 최선을 다한 무명용사들

이처럼 나폴레옹 군이 러시아 원정 시, 날씨에 대한 무지로 치명상을 입었지만 유럽을 정복, 20년 이상 지배하였다. **나폴레옹은 유럽을 정복할 당시 장병들의 사기충전과 전투의지 존재 여부에 따라 전쟁 승패가 좌우된다는 것을 익히 잘 알고 있었기에 장병들의 전투의지 고양을 위해 부하 장병들에게 많은 명연설을 하였으며, 일화도 많이 남겼는데,** 여기에 대표적으로 2가지를 소개하고자 한다.

나폴레옹은 부하들에게 매우 엄격하여 그는 명령을 어긴 사람에 대해서는 모두가 지켜보는 가운데서 단호하게 처벌하였다. 러시아 원정을 갔을 때 하루는 눈보라가 세차게 불어와 벌판에서 그대로 야영을 하게 되었다. 그날 저녁에 그는 밤새 보초 설 병사들을 직접 불러 모아놓고 명령을 하였다.

"오늘 밤 러시아 코사크 기병들이 기습공격을 해올지 모른다. 자기 위치에서 책임을 다하라. 만일 명령을 어긴 자는 내일 총살형에 처할 것이다."

이윽고 밤은 깊어가고 **나폴레옹은 자정 무렵 숙소에서 나와 야간순찰을 돌았다. 마지막 초소에 이르렀을 때 보초를 서던 용사는 너무 피곤한 나머지 앉은 채로 잠들어 있었다. 이 광경을 본 나폴레옹은 말없이 보초 임무를 수행하였다. 날이 밝아 올 즈음 잠에서 깬 보초병은 자기 대신 보초 임무를 서고 있는 장군을 보고는 소스라치게 놀라며 무릎을 꿇고 죽여 달라고 했다. 한참 보초병을 바라보던 나폴레옹은 총을 건네주며 말했다. "너와 나밖에 본 사람이 없다. 그래서 나는 너를 용서해 주겠다."**

날이 밝으면서 러시아군의 갑작스런 공격을 받자, 한 병사가 적진으로 뛰어 들어가 용감히 싸웠다. 그 용기 있는 모습을 지켜보던 동료 병사들도 백배 사기가 승천, 전투에서 승리할 수 있었다. 싸움이 끝난 뒤 나폴레옹은 용사의 시신을 보고 깜짝 놀랐다. 바로 오늘 새벽에 나폴레옹이 대신 보초를 서 주었던 그 용사였다.

또 다른 일화도 러시아 원정 당시 영하 30℃ 이하의 추운 날씨로 인해 나폴레옹은 적군이 포위망을 더 좁혀 오기 전에 파괴된 다리를 복구하여 후퇴를 하려고 하였다. 차가운 물 속으로 뛰어들어 다리를 복구하라는 나폴레옹의 지시에 의해 강물 속으로 병사들이 뛰어들었지만, 살을 에는 추위를 견디지 못한 대부분의 용사들은 물 밖으로 뛰쳐나가버렸다.

그런데 유독 한 용사만이 모진 추위를 견디면서 부서진 교각을 어깨로 받친 채 버티고 있었다. 그가 끝까지 나오지 않고 버티고 있는 게 안쓰러워 다른 용사들이 그를 끌어내기 위해 물 속으로 들어갔다.

그러나 그들이 그 용사에게 다가갔을 때 용사는 몸이 얼어 생명이 끊어진 상태였다. 그 용사는 오직 사령관의 입수 명령에 따라 물 속으로 뛰어들었고 퇴수 명령이 없는 한 뼈를 깎는 듯한 추위를 견디며 자기 본분을 다하고 있었던 것이었다. 그가 이미 죽었다는 보고를 받은 나폴레옹의 눈가로 한 줄기 눈물이 흘렀다.

하지만 그 용사의 목숨을 건 희생은 결코 헛되지 않았다. 얼음처럼 빳빳하게 굳어버린 채 죽어 있는 동료를 바라본 용사들은 추위를 견디지 못하여 자신에 부여된 임무를 완수하지 못했음을 부끄럽게 생각하고 눈물을 글썽이며 물 속으로 다시 뛰어 들어가 힘을 합쳐 순식간에 다리를 고쳤다. 한 용사의 목숨을 건 임무 완수가 부대원 모두를 구출했을 뿐만 아니라 러시아 원정 실패 후 프랑스가 가져야만 했던 패배의 충격을 그나마 줄일 수가 있었다.

① 백 마디 말보다는 지휘관의 솔선수범과 우선

　나폴레옹이 러시아 원정에 실패하였지만 누가 뭐래도 나폴레옹은 유럽대륙을 정복하고 아시아·아프리카까지 영토를 확장했던 프랑스의 군사지도자이다. 이러한 **나폴레옹 군대의 명성 뒤에는 지휘관의 솔선수범이 본보기가 되고 용사들의 희생적인 임무수행이 있었음을 간과해서는 안 되겠다. 다시 말해 나폴레옹의 너그러운 관용에 감명받은 용사는 전장에서 그리고 강물 속에서 살신성인으로 보답하였다.** 많

〈나폴레옹〉

은 사람들이 나폴레옹을 이야기하면 그의 개인적 카리스마와 극도로 기동력을 살린 혁신적인 전술을 이야기하지만, 나폴레옹 그 자신은 전투 승리의 가장 중요한 요인으로 용사 개개인의 사기와 전투의지를 들었다. 그래서 나폴레옹은 전투 때 여러 사단들을 선도하기 위해서 자기 부하들을 고무할 수 있는 용감한 전사들을 앞장세우곤 하였다. 결국 전쟁을 수행하는 것은 용사들이기 때문에, 이들에게 어떻게 전의를 고양시켜 전장에서 용감하게 싸울 수 있도록 할 수 있느냐 없느냐가 바로 승패와 직결된다는 것을 누구보다 잘 알고 있는 나폴레옹은, 이를 적절하게 잘 활용하여 유럽대륙을 정복하였다.

이를 미루어 19세기 전쟁영웅 나폴레옹은 혁신적인 전술 구사와 함께 용병술의 대가였던 것이다.

병사들을 자신의 자식처럼 여겨라. 그러면 그들은 깊고 험한 계곡이라도 그대를 따를 것이다. 그들을 소중한 자식같이 보살펴라. 그러면 죽음을 무릅쓰고 그대 옆에 있을 것이다. 그러나 관대하기만 하여 지휘관의 권위를 상실한다던가, 순하기만 해서 지휘통솔을 제대로 못하거나, 더욱이 무질서를 바로잡을 능력이 없을 때는 병사들은 버린 자식처럼 아무 쓸모도 없게 된다.

—손자—

† 구국(救國)의 일념으로 황산벌을
사수한 계백 장군

▮ 굴욕적인 삶보다는 명예스러운 죽음을

"**적**에게 붙잡혀 노비로 비참한 삶을 살게 하기보다는 차라리 내손으로……."
계백 장군은 자신의 마지막 전투인 황산벌 싸움에 출정하기 전에 가족의 목을 베고 집을 나섰다. 이러한 비정하리만큼 단호한 결정은 아무나 쉽게 내릴 수 없는 것이다. 이는 **남겨진 가족들이 구차한 삶을 영위하게 하기보다는 명예스러운 죽음을 택하게 하려 했던 장군의 고뇌에 찬 결단이며, 만에 하나 남겨둔 처자식 때문에 생에 애착을 느껴**

〈계백 장군〉

결사항전의 장애가 될 수 있는 요인을 미연에 방지하기 위한 장군의 구국충정의 결의이다. 사랑하는 처·자식을 자신의 손으로 베고 전장으로 나아갔던 계백 장군의 비통한 심정은 이루 형언할 수 없었을 것이며, 5천 결사대를 이끌고 꺼져가는 국운을 살리기 위해 처절하게 나당연합군에 저항했음을 짐작하게 한다.

또한 이러한 비정함 이면에는 전쟁포로가 어떤 대우를 받는가를 누구보다 잘 아는 계백 장군의 가장으로서 헤아릴 수 없을 정도의 깊은 사랑이 내재되어 있다. 그리고 이러한 그의 결단은 풍전등화의 죽음의 출전에서 장수가 택할 수 있는 가장 명예스러운 길이었을 것이다.

결과적으로 그는 조국이 멸망위기에 처해 있을 때 스스로 가족의 생명을 참하여 가문의 명예를 지켜냈고, 구국전쟁에서 자신을 제물로 바침으로써 국가에 충성을 다한 군인정신의 귀감으로 청사에 길이 남게 되었다.

◆ 본받아야 할 점은 무엇인가

첫째, 비굴하게 구차한 삶을 영위하기보다는 명예로운 죽음을 선택했다는 점이다. 세상에 죽음이 두렵지 않는 사람이 어디 있을까? 눈에 넣어도 아프지 않고, 피를 나누어준 자식을 자신의 칼로 목 베는 아비의 심정은 어떠했을까? 하지만 벼슬이 달솔(達率)에 이르는 귀족출신의 계백 장군은 굴욕이 죽음보다도 싫었을 것이다.

다시 말해 처자식을 적장의 노예가 되게 하여 신명을 더럽히고 굴욕적인 삶을 살게 하는 것보다는 자신의 손으로 목을 베는 것이 훨씬 명예스럽다고 생각했을 것이다.

둘째, 군인으로서 전장에서 결코 물러서지 않는 임전무퇴의 기상을 몸소 실천하였다. 서기 660년경 백제는 의자왕이 간신배에 둘러싸인 채 궁궐에 정자를 지어 3천 궁녀와 함께 사치와 향락, 연회만을 즐기는 등 국운이 기울어 더 이상 희망이 보이지 않는 쇠락해가는 국가였다. 계백 장군은 이를 뻔히 알면서도 임전무퇴의 기상으로 끝까지 조국을 지키기 위해서 전장으로 나아가 장렬하게 최후를 맞이하였다. 바로 이러한 대목은 나라를

〈계백장군〉

지키는 장수가 가져야 할 자세임을 일깨워주고 있다.

셋째, 계백 장군은 위기에 처할수록 정신전력의 중요성을 아는 지휘관이라는 점이다. 옛날 중국 월나라 왕 구천이 5천 명의 군사로 오나라 왕 부차의 70만 대군을 무찌른 예를 들면서, 전쟁의 승리는 군사의 많고 적음에 있는 것이 아니라 정신력에 있다며 군사들의 용기를 북돋아 주었으며, 있는 힘을 다해 싸워 반드시 승리하여 국은(國恩)에 보답하고자 정신교육에 힘을 쏟았다. 장군의 정신교육 덕분에 죽기를 각오하고 전투에 임한 5천 명의 백제군은 상상할 수 없는 큰 힘을 발휘하여 김유신이 이끄는 신라군과의 네 차례 전투에서 승리하였다.

넷째, 절도 있는 지휘관의 모습을 보여줬다는 점이다. 신라 김품일 장군의 아들 관창이 창을 들고 공격해왔지만, 16세의 어린 관창의 용기를 높이 산 계백은 넓은 도량을 발휘하고 연민의 정에 의해 살려

보냈다. 자신의 처자식은 자신의 칼로 목을 베었을지언정, 적장의 아들에게는 연민의 정을 느껴 장수로서의 품위를 살려준 것이다. 하지만 관창이 계속 공격해오자 관창의 목을 베어 말안장에 매달아 돌려보냄으로써 절도 있는 지휘관의 역량을 보여주었다.

변절하지 않고 끝까지 지조를 지킨 계백 장군

표해록(漂海錄)의 저자 최부(1454~1504)는 "사람을 논함에 있어 지조와 절개를 가지고 논한다. 백제가 망할 때 단 한 사람의 충의(忠儀)도 없었는데, 오직 계백만이 절개를 지켜 두 마음을 갖지 않았으니, 이야말로 옛사람이 '**나라가 망하면 함께 죽는다.**'고 말한 바가 아니고 무엇이랴."고 말했다. 이런 최부의 말속에서 계백 장군이야말로 오직 국왕에 대한 충성심 하나만으로 끝까지 변절하지 않고 지조를 지킨 장군임을 알 수 있다.

결열한 사생관(死生觀)

"장수가 되는 도는 내 집과 내 몸을 잊은 뒤라야 사졸들의 죽을 결심을 얻을 수 있는 것이니, 만약 조금이라도 내가 먼저 살고자 하는 마음을 둔다면 군심(軍心)이 해이해져 제 살 궁리만 하고 처자를 그리워하는 마음이 생기게 되는 법이다." 이 결연한 문장을 통해 계백 장군의 남다른 사생관(死生觀)을 엿볼 수 있다.

이러한 계백 장군의 사생관은 국민의 생명과 재산을 보호해야 할 오늘날의 군인들에게 사사로운 감정에 치우쳐서는 안 된다는 것과 결연한 의지로 싸우다가 최후를 장식하는 임전무퇴의 정신이 가장 명예스럽다는 것을 깨닫게 해준다.

장수가 해야 할 일이 다섯 가지가 있다.
1. 지휘통솔에 능통해야 한다.
2. 작전준비에 완벽을 기해야 한다.
3. 과감한 용단력(勇斷力)이 있어야 한다.
4. 적을 경시(輕視)하지 말고 경계를 철저히 해야 한다.
5. 군령(軍令) 등은 간명(簡明)해야 한다.
—오기—

† 백년전쟁의 구렁텅이에서 신음하던
프랑스를 구한 소녀 장군

✏ 백년전쟁의 해결사, 국민화합의 상징 잔 다르크

흰 색 갑옷과 투구를 쓰고 한 손
에는 십자가가 그려진 깃발을
든 채 백마를 탄 잔 다르크의 모습은
프랑스 병사들에게는 신비로움 그 자체
로 용기와 희망을 주었으며, 영국군에게
는 가공할 만한 공포의 대상이었다.

〈잔 다르크〉

프랑스 백년전쟁에 불과 6개월 동안
참전하여 혁혁한 전공을 세운 전설적인
인물 잔 다르크, 짧게 자른 머리에 남장
차림, 가냘픈 소녀에서 신(神)의 전사로
변모하여 언제나 최선두에서 전투를 지휘한 잔 다르크, 병사들은 그녀
의 용맹스러운 카리스마에 매료돼 용맹스럽게 싸워 승리를 쟁취한다.

프랑스의 농촌 출신 처녀 잔 다르크는 15세기 침략자인 영국군을 몰아내고 프랑스를 구한 군 지도자이다. 잔 다르크의 전투 경력은 1년 미만이고 갓 스무 살이 되기 전 세상을 떠났지만, 영국－프랑스 간 '백년전쟁'을 종결시키는 데 커다란 영향을 미쳤으며 오늘날까지 프랑스 국민들의 화합과 단결의 상징으로 남아 있다. **잔 다르크의 위대성은 그녀가 죽은 후에 본격적으로 밝혀지기 시작하여, 조국을 구하려다 순직한 애국심의 표상이자 민족주의자의 모델로 추앙받고 있다. 또한 1920년 가톨릭 교리에서는 그녀를 성녀로 시성(諡聖)하였다.**

❶ 조국을 구하라는 하늘의 계시

'백년전쟁'은 영국과 프랑스 간의 전쟁으로 1337년부터 1453년까지 116년간 계속된 전쟁이었다. 1429년 어느 날 13살 소녀 잔 다르크는 일요일 아침 교회로 발걸음을 옮겨가고 있는데, 뎅그렁, 뎅그렁 종소리와 함께 천사들의 노랫소리가 들려와 발걸음을 멈추고 하늘을 바라보았다. 눈부신 햇살이 쏟아져 내리는가 싶더니 대천사 미카엘이 나타나 "하느님께서 너에게 분부를 내리셨도다. 잔 다르크, 너는 황태자를 도와 쓰러져가는 조국 프랑스를 구해야 하느니라!"라고 하였다. 이러한 신의 음성을 들은 잔 다르크는 후에 샤를르 7세 황태자를 찾아가 군사를 요청하였다. 처음에는 반신반의하던 황태자는 오를레앙 성이 위태롭다는 전갈을 받고 잔 다르크에게 군사력을 제공해주면서 그녀를 호위하게 하였다. 신의 계시에 따라 신출귀몰하게 움직이는 잔 다르크는 격렬한 전투마다 승전을 거듭하여 오를레앙 지역을 탈환한 것은 물론 영국군을 손을 들게 하여 철수시켰다. 그러자 오직 신의 뜻에 따라 열정적으로 전투하여 승전하는 젊은 소녀 지도자에 관한 소식이 삽시간에 프랑스 전역에 알려지게 되어 영국 침략자로부터 조국을 해방하고 싶어 하는 프랑스인의 사기를 크게 고양시켰다. 어린 소녀의 다소 황당한 간청을 무시하지 않고 군사력을 지원해준 샤를르 7세는 잔 다르크의 도움으로 왕이 되었으며 잔 다르크는 유리한 현 상황을 활용, 파리로 진격해 들어갈 것을 강력히 권고하였다. 샤를르 7세는 영국과의 친화를 중요시하는 화친파의 권고로 진격을 망설였으나 잔 다르크의 작전계획을 받아들여 군대를 인솔하고 파리로 쳐들어갔으나 6개월간의 파리 탈환 공격은 실패로 돌아가고 잔 다르크는 포로가 되었다.

포로가 된 잔 다르크는 영국군이 관장하는 종교 재판소로 넘겨진다. 그녀는 현실성이 없는 마술을 사용했다는 혐의와 종교적 이단 혐의를 받게 되었다. 종교 재판은 '신의 목소리'에 대한 증거와 남장을 한 이유를 추궁하는 쪽으로 모아졌으며 결국 잔 다르크는 타락한 이단자로 판결되어 군중들이 보는 앞에서 말뚝에 묶여 화형에 처해졌다.

● 최선봉에서의 지휘로 투혼 발휘

잔다르크의 죽음으로 그녀의 프랑스에 대한 영향력이 끝난 것은 아니었다. 그녀의 순국을 추도해서 프랑스 게릴라 부대가 조직되어 영국군을 공격하였으며 극도로 사기가 떨어져 있던 프랑스 정규군도 잔 다르크라는 이름 아래 단결력을 발휘하게 되어 파리 탈환에 성공하고 영광스러운 승리를 쟁취하게 되었다.

잔 다르크가 군사작전의 기본지식을 배양하여 전략·전술을 구사함에 있어 탁월한 능력을 가졌다는 증거는 아직 나타나지 않았다. 그러나 **그녀는 전투의 최선두에서 용감하게 지휘함으로써 조국이 역경에 처했을 때 국민들에게 감화를 주어 자기를 믿고 따라 오게 하는 군사 지도력을 유감없이 발휘하였다.** 그녀는 두 차례 부상을 당하면서도 전투 중에는 언제나 가장 위험한 위치에서 작전을 지휘하며 6개월간의 전투에서 혁혁한 전과를 올렸다. 그녀는 명장열전에 오른 유일한 여성 군사 지도자이다. 잔 다르크가 신의 계시를 받았든, 전투에 참가한 단순한 여성이었든, 당시 좌절과 역경에 처한 프랑스를 구출한 애국자임에는 분명하며, 오늘날에도 프랑스 국민들의 마음속에 남아 있다. 잔 다르크는 프랑스의 성인반열에 올려져 있으며, 프랑스에서는 매년 5월 둘째 일요일에 전 국민 축제를 열어 그녀의 거룩한 희생정신을 기리며 그녀를 프랑스의 단결과 민족주의의 상징으로 추앙받고 있다.

1 잔 다르크와 유관순

서양에 애국성자 잔 다르크가 있다면 동양에는 그에 못지않은 애국성자 유관순 열사가 있다. 잔 다르크의 활약상과 같이 **잃어버린 조국광복을 되찾기 위해 기꺼이 목숨을 조국에 바쳤던 유관순 열사의 거룩한 희생정신과 숭고한 애국정신이 우리 독립운동사에 영롱하게 빛나고 있다.**

잔 다르크와 유관순은 두 사람 다 17세의 소녀의 몸으로 구국의 전선에 뛰어들어 민족의 수호자로 승화되는 등 닮은 점이 많다. 1412년 프랑스 농부의 딸로 태어난 잔 다르크는 17세에 패색이 짙던 조국을 구하라는 신의 계시에 의해 전사로 변모, 전장의 선봉장으로 맹위를 떨쳤으며, 500년 뒤인 1902년 농부의 딸로 태어난 유관순도 17세에 이화학당 친구들과 '시위결사대'를 조직, 아우내 장터 만세운동을 주도하다 붙잡혀 고문과 수감생활을 하는 등 3·1독립운동에 온몸을 던져 일본 제국주의에 맞섰다.

두 사람은 종교적 열정이 남달랐으며, 독특한 정치적 신념을 결합시켜 어떤 역경에도 꺾이지 않는 불굴의 인간상으로 역사에 기록되었다. 잔 다르크는 독실한 가톨릭 신자로서 천사장 미카엘의 계시를 받고 전장에 뛰어들었으며, 유관순도 독실한 감리교인으로서 온갖 고비마다 투철한 신앙심으로 극복하였다. 두 사람은 또 직관에 의해 탁월한 정치적 통찰력을 발휘하였다. 잔 다르크는 프랑스가 하나님으로부터 정통성을 부여받았으므로 반드시 승리하며, 이를 증명하기 위해 역대 프랑스 왕의 대관식을 열던 랭스를 점령해 먼저 대관식을 열어야 한다고 주장했다. 유관순은 "2천 만 동포의 10분의 1만이라도 순국할 것을 결심한다면 독립은 저절로 될 것입니다."라며 독립 쟁취 외에는 결코 타협점이 없기에 투쟁을 전개할 수밖에 없는 배경에 대해 설명하였다.

〈잔 다르크 동상〉

잔 다르크는 분명 뛰어난 전략가는 아니었으나, 프랑스의 전쟁영웅이었다. **잔 다르크가 프랑스에 끼친 가장 큰 영향은 무엇보다 프랑스인의 대동단결을 이끌어내어 사기를 진작시켰다는 것이다. 19세 소녀가 백년전쟁 시 최선두에서 진두지휘함으로써, 장기간 전쟁수행에 따른 잦은 부상과 누적된 피로로 심신이 지쳐 있는 병사들에게 신선한 활력소를 제공하였다.** 이는 병사들의 전의를 고취시켜 침략자 영국을 물리치고 승리하는 원동력이 되었다. 잔 다르크의 등장으로 인하여 전쟁에서의 승패는, 지휘관이 카리스마 유무에 따라서 그리고 지휘관이 최선봉에서 솔선수범 지휘하는 여부에 따라 좌우된다는 것을 일깨워 주고 있다. 다시 말해 흰색 갑옷과 투구를 쓰고, 백마 탄 잔 다르크의 모습은 신비로움으로 작용, 프랑스 용사들에게 힘과 용기를 줌으로써 전쟁에서 승리할 수 있었다. 한편, 오늘날 소녀 장군은 되살아 프랑스 국민들에게 호소하고 있다. "프랑스인들이여, 대동단결하라, 운명의 여신이 우리와 함께 하리라"고.

> 지휘관은 자기 마음속에 불타는 열의(熱意)를 간직하여 이것으로 부하들의 마음속에 불을 점화시켜야 하고, 부하들의 마음을 자기 쪽으로 끌 수 있는 자력(磁力)과 같은 힘을 가져야 한다.
>
> —몽고메리—

✝ 삼국지에서 빛나는 경호대장 전위의 살신성인

▌조조의 삼국 통일의 일등공신 전위

삼국지는 촉나라 유비, 위나라 조조, 오나라의 손권으로 3등분된 중국 천하를 위나라가 통일하기까지의 이야기를 다루고 있다. 그러나 역사적인 사실의 기술에 있어서 우리가 흔히 삼국지라고 일컫는 삼국지연의는 촉나라 역사관에 의해 기술되어 유비, 제갈공명을 비롯하여 관우, 장비의 이야기를 주로 다루고 있으나, 실제로는 조조의 위나라가 삼국 통일의 대업을 달성하게 된다.

〈전위〉

위나라의 군주 조조가 삼국을 통일하기까지는 죽음을 불사하고 조조를 호위한 경호대장 전위(典韋)의 살신성인 정신을 결코 간과해서는 안 될 것이다. 전위(典韋)는 천한 출신으로서 호는 없었고 조조 휘하로

들어간 후 용맹함과 충직함으로 조조의 신뢰를 쌓고 마침내는 옛날의 장사 '악래'의 이름을 따 악래라는 별명이 붙여졌다. 그는 모습은 웅대하고 건장했으며, 완력이 남들보다 뛰어났으며 대장부다운 기상과 지절(志節)이 있었다. 적에 노출되지 않기 위해 숨어서 자신의 주군을 지키다가 장렬하게 전사한 인물이다. 밤낮으로 자신의 주군 조조를 지키다가 산화한 '영원한 경호대장 전위(典韋)'에 대하여 재조명해 보고자 한다.

① 백 개의 화살을 맞고서도 끝까지 충성을

전위는 처음 진류 태수 장막의 부하였으나 진지의 군사들과 싸움을 하던 중 군사 몇몇을 죽이고 산중으로 도망을 친다. 이때 전위는 산중에서 호랑이를 쫓던 중 하후돈과 만나게 되는데 하후돈은 전위의 괴력에 매료되어 조조에게 추천하게 된다. 조조는 전위의 괴력과 호방함이 마음에 들어 그를 부하로 받아들여 도위에 임명하게 되고, 이에 보답하고자 전위는 조조가 위험에 처할 때마다 목숨을 구하게 된다.

이처럼 **전위는 용맹무상하면서도 용모와 품행이 단정하고 의협심이 강한 인물로 전해지고 있다. 그는 매사에 신중하고 충직하여 엄선된 병사들과 함께 조조의 신변을 호위**하였으며, 그는 항상 밤낮으로 조조 곁에 서서 대기하고 자신의 침소에 돌아가는 일이 드물었으며 식사량은 일반 사람에 비해 배나 많았다고 한다.

조조가 황건적을 토벌하던 중 전위가 허저를 만나 싸움을 벌였는데 승패가 나지 않자 조조의 명령에 의해 일부러 져주고 허저를 유인, 생포하여 귀순하게 만든다.

후에 조조가 장수라는 인물을 항복시키고 장수의 숙모를 취하자 장수가 격분하여 조조군을 야간에 역습하였다. 이에 전위는 조조를 도망가게 하기 위해서 홀로 싸움을 벌이게 되었는데, 갑옷과 창, 칼이 없어서 적병 두 명을 양팔에 끼고서 수백 명을 죽였다고 한다.

전위의 이와 같은 괴력에 겁을 먹은 장수의 장병들은 **전위에게 수백 개의 화살을 쏘아대어서 간신히 전위를 사살할 수 있었다고 한다. 이때 전위는 수백 개의 화살을 맞고서도 포효를 했으며, 상처가 심하여 두 눈을 부릅뜨고 서서 죽었다고 한다.**

조조는 전위가 죽었다는 소식을 듣고 크게 상심했으며 그의 시신을 되찾아온 사람에게 크게 사례하고 친히 장례식장에 참석해서 그를 위해 곡을 했다고 한다. 조조는 사람을 보내 전위의 시신을 양읍에 안장해 주었다. 이 싸움에서 조조의 장남 조앙과 조카 조안민도 함께 죽었으나 조조를 위해 대신 최후를 맞은 전위의 죽음을 더욱 슬퍼했다고 한다. 후에 조조는 전위의 은공을 기리기 위하여 사당을 건립하였고 사당을 지날 때마다 전위가 없음을 슬퍼하고 대성통곡을 하였다고 한다.

1 괴력의 사나이 전위(典韋) 이야기

전위의 괴력에 대해서는 다음의 이야기를
통해서 접하는 것이 더욱 생생할 것이다.

조조의 부하로 오기 전 전위는 양읍 유 씨
를 대신해 원수 이영에게 복수할 결심을 하고
백주 대낮에 손님으로 위장해서 이영을 살해
한다. 이 사건으로 인해서 마을엔 큰 소동이
일어나 관군을 비롯한 사병 수백 명이 전위를
잡기 위해 추적하게 되는데, 전위와 맞닥뜨린
사람들은 그의 괴력에 놀라 감히 접근할 수도
없었다고 한다. 이 사건으로 전위는 괴력의
사나이로 세상에 알려지게 되었다.

〈전위의 모습〉

장막이 의병을 일으켰을 때, 전위는 사마 조총의 병사였다. 당시 군
기의 깃발이 대단히 무겁고 커서 감히 누구도 들 수 없었다고 한다.
이때 전위는 군기를 한 손으로 들어 올렸다고 한다.

전위가 여포와 싸움을 할 때, 여포가 패하여 도주하게 되었다. 이때
전위는 미리 병사 한 명에게 적이 가까이 접근하면 알리도록 하고 그
는 혼자서 수십 개의 창을 손에 쥐고 다섯 걸음까지 적이 다가오면
창을 던져 적병을 사살하였다고 한다.

장수가 항복했을 때 조조는 기뻐하며 장수와 그의 부하들을 초대해

연회를 베풀었는데, 이때 전위는 지름이 1척에 달하는 큰 도끼를 들고 조조의 곁에서 대기하고 있었다. 초대된 손님들은 전위의 위용에 겁을 먹고서 감히 눈을 치켜뜨는 이가 없었다고 한다.

◢ 충성스러운 호위대장이 주인을 지키고 목숨을 던지다

자신의 주군 조조를 위해 밤낮을 가리지 않는 전위의 그림자 호위 이야기와 창과 칼 대신에 적병 두 명을 양팔에 끼고서 수백 명을 죽였던 그의 괴력에 대한 이야기 속에서, 주군에 대한 전위의 지극하고 맹목적인 충성심을 엿볼 수 있었다. 이렇듯 그의 충성심이 빛이 나는 것은 힘이 있으나 함부로 과시하지 않고 오만하지 않았기 때문이다. 즉 그는 괴력을 가지고 있었음에도 누구에게 과용하는 법이 없었으며, 오직 자신의 주군 조조를 호위하는 데에만 사용하였다. 남에게 불평하는 법도 없었고 자신의 앞에 놓인 직분에만 오직 충직하였다. 전위는 충성심과 지조로써 목숨을 걸고서 조조를 지켜냈다.

> 장수는 전군(全軍)의 생사를 좌우한다. 전군의 흥망은 장수의 한 마음에 달렸으며, 현장(賢將)을 얻은 나라는 융창하고 우장(愚將)을 얻은 나라는 멸망한다.
> ―강태공―

† 국난 시에 분연히 일어나 조국을 구한
의병운동

▌ 의병의 살신보국 정신은 민족의 표상

부 녀자들이 독초를 삶
은 뜨거운 물을 적
의 머리에 붓는 것, 청장년
이 활로 적의 가슴을 뚫는
것, 어린이와 노인이 돌멩
이로 필사의 호국정신을 발
휘하여 보급로를 차단하고
적의 전진 속도를 둔화시킨
것, 이 모든 것이 의병의 활

〈의병들의 모습〉

동이었다. 이와 같은 **의병의 용전(勇戰)으로 임란을 극복하고 승리를**
쟁취하였으니 이는 민족사에 빛나는 호국정신의 발현이라 할 수 있다.

비록 관군이 아니었지만 의병들의 살신보국의 정신은 군인정신의 정화(精華)이자 민족의 표상이었다. 또한 의병은 나라가 외적의 침입으로 위급할 때 국가의 명령을 기다리지 않고 자발적으로 참여, 외적과 싸우는 구국의 민병이었다.

임진왜란은 민족사에 있어서 백성들이 가장 많은 시련을 겪은 전쟁으로 기록되고 있다. 그 당시 선조의 피난과 왜군의 서울 입성은 백성들에게 큰 충격을 주었고 민심은 흉흉해져 갔다. 관군 연합세력이 경기도 등지에서 왜군의 기습을 받아 제대로 싸우지도 못하고 무기력하게 패하였다. 이에 조정에서는 다시 관군을 불러 모으려 했지만 일반 백성들은 물론 패잔병들마저 산속에 깊이 숨어 있어 지원하는 자가 거의 없었는데, 이것은 당시 백성들이 평소 자신들을 못살게 굴던 지방 수령들에 대해 반감의 표시이며, 왜군 침입의 소문만 듣고 한 번 싸워 보지도 않은 채 도망치는 수령들을 믿고 따를 수 없었기 때문에 나타나는 현상이었다. 이러한 절망적인 상황하에서 흩어진 민심을 추슬러 민족의 의기와 저력을 보여준 것이 바로 의병들이었다. 의병들은 풍전등화의 위기에 처한 조국을 구하기 위해 눈물겨운 투혼을 발휘하였다.

● 반민족적 관리들을 전율케 한 유생들의 의병투쟁

한국은 역사적으로 외세의 침략을 많이 받아, 고구려와 백제 유민의 국가부흥을 위한 의병투쟁에서, 중국에서 투쟁한 항일의병에 이르기까지 많은 의병운동이 있었다. 특히 임진왜란 때와 1895년의 을미사변 이후, 1910년 한일합방 전후의 의병운동이 가장 활발하였다.

1896년 1월부터의 을미의변의 봉기는 일제의 야수적 살인극인 민비시해사건과 단발령에 의해 촉발되어 전국 각지에서 일어났다. 최익현 등의 유생들은 일본을 배척하는 내용의 상소문을 올렸으나 아무런 반응이 없자, 전국의 유생들과 일반 농민들은 봉기하여 동시에 무력투쟁을 전개하였다. 이러한 전국 유생들의 의병투쟁은 반민족적 관리들을 전율케 했으며 일제의 조선지배 음모에 막대한 지장을 초래하였다.

한편 조선이 국제적으로 완전히 고립되는 1905년 을사조약이 맺어지면서 의병활동은 국권회복을 위한 투쟁으로 전환되었다. 의병투쟁은 유생, 일반 농민뿐만 아니라 천민들까지도 항일전투부대를 형성하여 일본군대를 습격하고 매국노 등을 처단하였다. 이때의 의병운동은 일본의 수탈이 극심해지고 한국 군대가 강제로 해산되는 것에 자극을 받아 더욱 활발히 전개되었으며, 대중 속으로 파고들었다. 즉 해산군인들이 의병으로 합류하고 평민출신의 의병대장이 등장함으로써 국민대중 속으로 파급되었으며, 이는 의병운동의 발전에 새로운 전환점이 되었다.

❶ 의병활동의 규율과 의식구조

임진왜란 당시 이정암의 지휘 아래 치러진 연안전투에서는 다음과 같은 「의병약속」이 실효를 거두었다.

① 적에게 임해서 물러나는 자는 참한다.
② 민간에게 폐를 끼치는 자는 참한다.
③ 최고 지휘관의 한 가지 명령이라도 위반하면 참한다.

④ 군사기밀을 누설하는 자는 참한다.
⑤ 처음 약속하고 뒤에 배반하는 자는 참한다.

　이와 같은 엄격한 군율의 준수함으로써 의병은 도처의 왜군을 격파하고 나라를 위기로부터 구할 수 있었다. 의병집단은 혈연·지연의 강한 연대 위에 의식구조는 충·효 정신으로 무장되어 있어 정규적인 군사훈련을 받지 못했을지라도 무서운 투쟁력을 발휘할 수 있었다. 의병들의 일상적인 글 속에 다음과 같은 것이 있다. **"우리가 평소에 배우는 것은 신하로서 충(忠)에 죽고 자식으로서 효(孝)에 죽는다.", "백성으로서 충을 다하다 순국해야 한다고 자식에게 이르고 있다."** 등은 당시의 의병들의 정신적 바탕을 말해주는 것으로 이를 통해 나라를 위해 신명을 바치겠다는 의병들의 의지를 엿볼 수 있다.

◆ 구한말 의병활동의 민족사적 의의

　구한말 의병활동의 의의를 살펴보면 다음과 같다.

　첫째, 의병활동은 사회 전 계층이 참가한 민족운동이었다. 항일투쟁은 당초 유생 중심의 위정척사운동으로 나타났으나 점차 농민, 천민, 광부 등 사회 전 계층을 포괄하는 거대한 민족운동으로 확대되어 갔다. 1895년 이래 항일봉기가 20여 년간 지속적으로 펼쳐져 신분의 장벽과 공간을 초월하여 외세에 저항하는 민족적 일체감과 구국헌신의 민족정신이 형성되었다.

둘째, 한말의 의병투쟁은 적극적인 독립전쟁의 성격을 폈다. 한말의 군대해산 이후 일제의 가혹한 폭력탄압으로 국내활동이 불가능하게 되자 의병들은 만주와 간도로 건너가 민족독립전쟁을 계승하였다. 일제하에서 우리 민족이 벌인 독립군 운동의 뿌리는 의병운동인 것이다.

셋째, 의병의 살신성인의 자세가 오늘의 우리를 있게 하였음을 주지해야 한다. 자신의 전 재산을 사람 모으는 데 다 쓴 곽재우, 두 아들과 왜군에 결사항전했던 고경명, 왜군과 최후의 항전을 벌였던 700의총. 바로 의병들의 이러한 헌신과 살신보국적 희생이 없었다면 오늘의 발전과 번영을 보장받지 못했을 것이다.

〈의병들의 모습〉

한편, 조국을 구하기 위해 분연히 일어선 의병활동의 위대성에 대해 이야기하면, 당시 의병운동을 이끌어간 민중에게는 아무런 힘도 없었다. 즉 무기도 변변치 않았을뿐더러 잘 조직된 군대도 아니었으며, 지휘계통이나 작전의 개념조차 없었다. 그저 자신들의 고향산천을 지키기 위해 분연히 일어서 목숨을 걸고 싸워 조국을 지켜내었다. 이러한 열악한 환경 속에서도 고군분투했던 의병활동을 통해서 우리 민족의 강인한 애국정신을 읽을 수 있으며, 위험에 봉착할 때마다 의병들은 국가와 민족을 위해 분연히 일어서 왔음을 알 수 있다.

† 남북전쟁에서 빛나는 시클스 장군의 투혼

🔳 북군의 승리로 자유 – 평등사상 추구한 미합중국

미 국의 남북전쟁은 공업 위주의 북부와 노예를 이용하여 농사를 짓는 남부가 4년간 벌인 내전으로, 이 전쟁에서 남부가 패배함으로써 남과 북은 미연방으로 합쳐지게 되었다. 이렇듯 남·북으로 갈리어 전쟁을 치름으로써 분열될 뻔했던 미합중국은 이를 굳건하게 극복하고 자유와 평등을 최고의 가치로 여기는 국가가 되어 세계에 우뚝 서게 되었다.

남북 간에 노예제도와 경제계획에 대한 견해 차이로 증오가 쌓여가던 중 노예제도를 반대하는 링컨 대통령이 당선(1860년)되자, 남부 11개 주는 미합중국에서 탈퇴하고 제퍼슨 데이비스를 '아메리카 연방'의 대통령으로 임명하였다. 남부군의 '아메리카 연방' 군대가 미합중국의 수비대를 공격함으로써 남북전쟁은 발발되었다.

전쟁이 발발했을 당시 양쪽 군사력은 극히 미미했었기에 많은 시행

착오를 반복한 후에야 군대다운 모습을 갖추어 나갔다. 남북 양 정부는 처음에는 지원병들로 군대를 편성했으나, 나중에는 많은 병력소요 때문에 징병제도를 채택했다. 병사들은 주로 농촌 출신들이었고, 제대로 군사훈련을 받지 못하였으며 장교들도 지휘능력이 부족하였다.

〈리 장군〉

메크렐런이 지휘하는 북군은 남부 연합의 수도 리치먼드를 공략하기 위해 15만의 병력을 투입하였으나 실패하였다. 남군은 리 장군의 뛰어난 판단력과 면밀한 작전으로 북군을 '7일 전투' 끝에 반도에서 격퇴시켰다. 이 남북전쟁 중 최대의 격전으로 불리는 게티즈버그전투에서 남북 양군이 대치하는 전선은 5㎞까지 벌어져 맹렬한 전투가 몇 차례에 걸쳐 되풀이되면서, 남북군 공히 2만여 명의 전사자를 낼 만큼 막대한 인명 손실을 입었다. 공업이 발달된 북부에 비하여 노예를 활용한 농업 위주의 남부가 인적(人的)·물적(物的) 자원에 있어서 훨씬 뒤져 있었다.

한때 동부전선에서 남부군이 우세하였으나, 1864년 5월 북군은 새 총사령관 그랜트 장군의 지휘 아래 대공세를 개시하여 전세의 반전을 꾀하였다. 서부전선에서는 북군의 셔먼 장군이 포위작전과 우회작전을 전개하여, 남부군을 몰아내고 애틀랜타를 점령하였다. 전사자와 도망병 때문에 퇴로마저 차단되자 남부군의 리 장군은 더 이상의 저항이 부질없음을 깨닫게 되었다. 항복하기로 결심한 리 장군은 그랜트 장군에게 편지를 보내어 회견을 요청, 남군이 항복함으로써 전쟁은 끝을 맺게 되었다.

🜚 남북전쟁 속에 숨겨진 시클스 장군의 용전분투

미국의 남북전쟁에 대한 평가에 있어서 남부군에 리 장군이 있기에 초기에 승리했고, 북군에는 그랜트 장군이 있어 최종적인 승리가 가능했다고들 말한다. 하지만 이 위대한 두 장군 이외에 시클스 소장이 있었기에 북군의 승리가 가능하였다.

〈남부연합 기념물〉

남북전쟁 중 게티스버그 전투에서 북군의 3군단장이었던 시클스 소장의 용기 있는 용전분투상은 전황을 크게 뒤바꾸어 북군에게 결정적인 승리를 안겨주었다. 당시 그는 말 위에 올라 군도를 휘두르며 부하들에게 "진지 사수"를 외치고 있었다. 바로 그때, 인근에서 날아온 파편에 맞아 시클즈 장군은 부상을 입었고, 말 위에서 떨어지고 말았다. 심지어 남군의 총공세 속에서 장군이 전사했다는 유언비어마저 나돌고 있었다. 그러나 시클즈 장군은 중상으로 많은 피를 많이 흘렸음에도 불구하고 들것에 들린 채, "한 치도 물러설 수 없다"고 외치면서 병사들을 격려하였다. 이러한 시클즈 장군의 비장하고 헌신적인 자세는 북군에게 진한 감동을 주고 승리에 대한 강한 자신감을 고취시켜 결국에는 북군 승리의 견인차 역

할을 하였다.

이러한 사례를 통해 지휘관의 위국헌신의 행동이 전투 상황에 커다란 영향을 줄 수 있음을 알 수 있었다. 즉 시클즈 장군이 보여준 살신성인의 자세는 북군의 군인들에게 커다란 감명을 주어 총공격을 감행케 하여 남북전쟁에서 승리할 수가 있도록 하였다. 비록 자신이 커다란 부상을 당했으면서도 나약한 모습을 보이지 않고 강한 책임감에서 비롯된, '**진지를 끝까지 사수**'하라는 외침은 장병들에게 용기를 북돋워 주었다. 그의 이러한 용기는 군인으로서의 강한 책임감에서 비롯되었으며, 전세를 뒤바꾸는 데 결정적인 역할을 다 하였다.

◤ 북군승리의 주역 셔먼 장군

북부군을 승리로 이끈 그랜트 총사령관의 수석부관 출신인 셔먼 장군은 그랜트 장군이 남부군과 정면으로 대치할 동안, 총공격을 감행하여 남부군을 혼란에 빠뜨림으로써, 결국에는 북군이 승리할 수 있는 기반을 마련해 주었다.

셔먼 장군은 진정한 승리를 위해서는 남부 군대를 격멸하는 것도 중요하지만 남부 군인들의 전쟁의지를 꺾는 것이 더 중요하다고 판단하였다. 일단 국민들이 전쟁에 지쳐 염증을 느끼게 되면 군대는 반드시 무너져버릴 것이라는 것을 잘 알고 있었다. 그러나 국민들이 견고한 의지를 가지고 있는 이상 그들은 계속 군대를 올려 보낼 것이며, 게릴라전을 통해서라도 전쟁을 지속시켜 나갈 것임이 분명하다. 따라서 확실한 승리를 위해서는 남부의 부와 생활에 막대한 타격을 가하여 전쟁의지를 꺾는 것이 필요하다고 판단하였다.

이러한 심리전을 수행하기 위하여 셔먼은 남부를 직접 쳐들어가기보다는 서부 깊숙이 침투하여 425마일이나 되는 적의 영토를 통과하여 남부의 심장부로 진격해 나갔다. 이러한 셔먼의 우회공격으로 남부군은 물리적·정신적 양면에서 큰 타격을 입게 되었다. 이러한 북군 셔먼 장군의 거침없는 공격에 의해 재산과 귀중품이 파괴되는 것을 목격한 남부군의 가족과 친구들은 절망과 낙심을 담은 편지를 남부 군인들에

〈남부군의 모습〉

게 전달하였으며, 이로 인해 남부군인들은 전의를 상실하였고, 결국 이것이 남부군의 패배를 더욱더 부채질하게 되었다. 즉 절망적인 상황을 담고 있는 편지를 본 남부 군인들은 가족에게 충실해야 하겠다는 생각으로 선회하면서, 많은 이들이 가족, 친지들을 보호하기 위해 전선을 버리고 집으로 돌아가 버렸다. 이로써 남부군은 항복하게 되고 남북전쟁은 종료되었다.

❶ 위의 두 장군이 우리에게 남기는 교훈

먼저 시클스 장군은 우리에게 진정한 용기란 무엇인가에 대하여 일깨워 주었다. 전투는 항상 위험이 따르기 마련이고 언제 어디서 적탄이

날아와 우리의 생명을 앗아갈지 모르는 것이다. 그러나 **피를 흘릴 각오도 없이 승리를 얻고자 하는 자는 반드시 피를 흘릴 것이며, 죽기를 각오하고 싸우면 반드시 승리하는 것**을 남북전쟁 전사를 통해 배우게 된다. 충무공 이순신 장군도 **"죽기를 각오하고 싸우면 살 것이요, 살려고 애쓰는 자는 죽을 것이다."**고 말했던 까닭도 여기에 있는 것이다.

그리고 셔먼 장군은 애초부터 전쟁수행 의지가 얼마나 중요한 것인지를 잘 알고 있었기에, 적에게 심대한 타격을 주는 서부 공격을 성공적으로 수행하였으며, 그 결과가 남부군에 전파되어 심리적으로 위축하게 만들었고 결국 전쟁에서 승리할 수가 있었다. **셔먼 장군을 통하여 우리는 전쟁을 수행하겠다는 의지가 군인들에게 얼마만큼이나 중요한지를 깨달을 수가 있다.**

> 장수(將帥)가 지휘봉을 들고 결전에 임하여 적(敵)과 대치했을 때 지휘를 잘하면 최대의 공명(功名)을 얻고 영광을 누리되, 지휘를 못하면 자신도 죽고 나라도 망한다.
>
> —위료자—

† 유대인의 영원한 생명의 은인 오스카 쉰들러

❶ 사업가에서 유대인의 구세주로 변신

유대인이라는 이유만으로 영문도 모른 채 아우슈비츠 수용소로 보내져, 머리가 깎이고 옷이 벗겨져 한방에 모인 그들의 머리 위에서 언제 독가스가 나올까 겁에 질려 공포에 떠는 비극적인 인간의 모습은 영화 쉰들러 리스트에서 쉽게 볼 수 있는 장면 중의 하나이다.

이와 같은 잔인한 행위를 체험해 보지 않고서는 나치에 대한 유대인의 공포가 어느 정도인가를 헤아릴 수 없을 것이다. 죽음에 직면하여 겁에 질려 있는 유대인들에게 손을 내밀어 헌신적으로 도와주는 나치당원 출신의 쉰들러는 결과

〈나치와 히틀러〉

적으로 나치 입장에서는 배신자이지만 유태인 입장에서는 절대 절명의 위기에서 생명을 구해준 은인인 것이다.

원래 오스카 쉰들러는 나치당원이면서 독일군 거물들과의 두터운 인맥을 바탕으로 유대인들을 활용, 돈을 벌어들이는 사업가였다. 1939년 폴란드가 2주 만에 독일군에 점령되자 쉰들러는 이곳에 식기공장을 세워 전쟁 기간에 돈을 벌 계획을 세워 유대인 회계사 스텐과 함께 공장을 만든다. 유대인을 무임금으로 고용하여 많은 돈을 벌어들이고 있었다. 그러던 어느 날 독일군으로부터 마을을 폐쇄하라는 명령이 내려지자 거주해 온 유대인들은 이유도 없이 죽어야 하는 상황이 벌어진다. 쉰들러 공장의 유대인 노동자들과 함께 스텐도 수용소에 끌려가게 된다. 어둠 속에서 끊이지 않는 총성과 불꽃을 바라보며 쉰들러는 무언가 잘못되어 가고 있음을 느끼며, 사업가 이전에 인간적인 자책감을 가지게 된다.

크라코우 수용소로 끌려간 유대인들은 심한 노동과 함께 언제 죽을지 모르는 불안 속에서 지낸다. 쉰들러는 광기어린 친위대의 젊은 장교 괴트와 개인적인 친분을 두텁게 함으로써 그의 도움에 힘입어 식기공장을 다시 운영할 수 있게 된다. 괴트의 감시 아래 공장이 다시 가동되어 스텐과 직공들도 다시 일하게 되지만, 질병이나 노쇠하여 노동력으로 부적합하다는 판정을 받은 사람들은 찜통 열차 속에 짐짝처럼 채워져 죽음의 수용소를 향해 떠난다. 이처럼 유대인들이 겪는 고통에 대하여 번민해오던 쉰들러는 유대인을 자신이 그동안 모은 돈을 활용하여 살려내겠다는 결단을 내린다.

〈오스카 쉰들러〉

즉 전쟁 기간 동안 축적한 많은 재력을 바탕으로 자신의 고향인 체코에 군수품 공장을 세우는 데 필요한 노동력을 구한다는 명목하에 **유대인 한 사람당 값을 쳐주고 살려내기로 괴트와 협상한다.** 자신의 공장에서 일했던 사람, 그 가족 등 스텐과 함께 모두 1,200명의 유대인들은 쉰들러가 생명의 대가로 독일 친위대에 모은 재산을 갖다 바치는 헌신적인 노력에 힘입어 극적으로 되살아나 체코행 기차에 탄다. 쉰들러의 유대인들은 체코의 공장에서 일하면서 종전을 맞기까지 인간적인 생활을 한다. 쉰들러 리스트에 포함되지 못하여 유태인이라는 이유만으로 심한 공포 속에서 독가스에 의해 죽어가는 유대인들은 쉰들러 리스트에 포함되어 있는 사람들을 얼마나 부럽게 바라보았을 것인가……

전쟁이 끝난 뒤 유대인들은 자신들의 금이빨을 뽑아 만든 반지와 전범으로 몰릴 쉰들러를 염려해 모두의 서명이 된 진정서를 써서 고마움을 표시한다. 전 재산을 날리면서 유태인들을 구해 준 쉰들러를 그들이 죽어 혼령이 되어서라도 은혜를 갚겠다는 것이라 하겠다. 그들이 준 반지에는 '**한 생명을 구한 자는 전세계를 구한 것이다**'라는 탈무드의 글귀가 새겨져 있다. 이 반지를 받아든 쉰들러는 더 많은 유대인을 구해내지 못한 것을 아쉬워하며 울음을 터뜨린다. 돈을 재물로 보지 않고 사람을 살리는 수단으로 활용한 쉰들러의 아름다운 선행은 유대인의 가슴에 영원히 살아 숨쉬며 지금도 그의 삶은 존경받고 있다.

1 생명의 소중함을 아는 휴머니스트 쉰들러

기업가인 오스카 쉰들러가 나치 수용소에서 처형당할 운명에 처한 유태인을 자신의 공장 근로자로 채용해 목숨을 구한 실화를 영화화한 스티븐 스필버그 감독의 영화 '쉰들러 리스트'의 실제 원본이 발견됨으로써 영화 속의 상황이 사실로 증명할 수 있게 됐다.

'쉰들러 리스트'에 들어 있는 유태인 1천200명은 쉰들러가 나치 관료들에게 뇌물을 주고 군수물자 생산에 꼭 필요한 인력이라는 구실로 아우슈비츠 수용소 등 폴란드 내 여러 수용소에서 크라코프의 공장으로 빼내 구사일생으로 목숨을 구했다.

당시 목숨을 구한 유태인들이 전쟁이 끝난 후 이스라엘에 정착하거나 세계 각지에 흩어져 살면서 자신들의 생명의 은인, 위기로부터 탈출시켜준 구세주 오스카 쉰들러에게 감사의 편지를 보냈는데, 이번에 발견된 여행가방에 들어 있었다.

이 가방에는 쉰들러가 전쟁 종료 직후 유태인 공장 직원들에게 한 연설문 초고가 들어 있는데 그 내용은 다음과 같다.

"당신들이 제발 인도적으로 행동하길 부탁합니다. 스스로 복수하지 말고 그들이 법의 심판을 받도록 내버려 두십시오" 이 말을 통해 **쉰들러는 원한을 복수로 갚아서는 안 된다는 것을 일깨워주는 진정한 휴머니스트임을 알 수 있다.**

■ 유태인의 가슴속에 살아 있는 쉰들러

나치 당원이기를 포기하고 자신의 번 돈을 바쳐 유태인을 구하는 데 헌신한 쉰들러의 행동을 통해 우리가 배울 점은 무엇인가 알아보자.

첫째, 기업가에서 생명 중시가로 변신한 쉰들러. 쉰들러 리스트는 1944년 크라카우에서 법랑도기(에나멜) 공장을 운영하던 오스카 쉰들러가 1,200여 명의 유태인이 그로스-로젠과 아우슈비츠 강제수용소로 끌려가는 것을 막아낸 것을 증명하는 문서이다. 한때 야심 차고 교활하며 이기적인 기업인이었던 쉰들러가 체코슬로바키아와 폴란드에서 독일인들의 유태인 학살을 목격하면서 심경의 변화를 일으키게 된다. 쉰들러가 유태인을 구하기 위해 전 재산을 바치면서 헌신하는 과정을 통해 쉰들러가 진정한 휴머니스트임을 알 수 있다.

둘째, 쉰들러는 대의(大義)를 위하여 소(小)를 희생할 줄 아는 사람이었다. 독재자가 잔인한 방법으로 사람을 죽이기는 쉬울지 모르나 기업가가 모은 재산을 다 바쳐 사람을 구한다는 것은 상식적으로 쉽게 납득이 되지 않는 것으로 오스카 쉰들러는 이를 실천함으로써 기업가로서는 결코 얻을 수 없는 명예와 진정한 휴머니스트로 존경받게 된다.

셋째, 유대인의 가슴속에 영원히 살아 있는 쉰들러. 쉰들러 리스트에 포함되어 있어 극적으로 생명을 구한 1,200여 명의 유태인들과 그 후손들은 나치 관료들에게 자신들을 고발하기는커녕 군수물자 생산에 꼭 필요한 인력이라는 구실로 뇌물을 주고 아우슈비츠 수용소로부터 자신들을 구해 준 쉰들러에 대해 감사의 마음을 죽는 날까지 잊을 수 없을 것이다. 이러한 쉰들러의 인간애적인 휴먼스토리는 인간생명은 적·아 구분 없이 무엇보다도 소중하다는 것을 일깨워주고 있으며, 나치당원임에도 불구하고 유태인을 돕기 위해 전 재산을 바치는 그의 헌신적인 자세는 우리 모두에게 진한 감동을 준다. 돈은 누구나 많이 벌어들일 수 있으나 벌어들인 돈을 값지고 유용하게 쓰는 것은 결코 쉽지 않다. 유태인들이 쉰들러를 오늘날까지 존경하고 칭송하는 것은 **돈을 많이 모은 기업가로서보다는 그가 보여준 휴머니스트적인 인간 사랑의 정신임을 잊지 말아야 할 것이다.**

> 우수한 지휘관이란 남보다 약간 앞을 내다보고 생각한다는 것뿐이다. 지휘관은 매일 아침 일찍 일어나 혼자 조용히 생각하면서 여러 가지 안건(案件)을 구상(構想)하는 습관을 반드시 길러야 한다. 잠이 부족하여도 아침 일찍 일어나 여러 가지 일을 생각하라.
>
> ─롬멜─

† 이탈리아 통일전쟁 영웅 가리발디의
헌신적인 조국사랑

◀ 비겁해지지 않으려면 조국통일전선에 동참해야

> "두려움을 떨쳐 버리십시오. 두려움은 후손들에게 좋지 않은 영향
> 을 끼칩니다. 우리는 건방지고 오만한 족속들에게 굽힐 수 없으며 그
> 들에게 자유를 절대로 애걸하지 않을 것입니다. 절대로, 절대로! 그
> 리고 우리 모두 무기를 듭시다. 100만 명이 될 때까지 비겁한 사람이
> 아니면 모두 다 모입시다."

이 것은 가리발디가 출정을 앞두고 '붉은 셔츠대'에게 한 연설의
한 대목으로 장병들에게 사기를 불어넣은 명연설로 평가되고
있다. 이 연설이 의미하는 바는 **민족의 자존으로 외부 침략에 저항해
야 하며, 최소한 비겁하지 않으려면 조국통일전선에 동참해야 한다는
것이다.**

1860년 5월 6일, 붉은 셔츠를 입고 창이 넓은 모자를 썼으며, 손에는
총과 칼을 든 천여 명의 사내들이 타고 있는 배가 이탈리아 제노바 항

구를 출발하였다. 배 앞머리에는 중년의 한 남자가 "시칠리아 섬에 있는 동포들의 해방을 위하여, 이탈리아의 통일을 위하여 우리 모두 대동단결합시다."라고 외치고 있었다. 이 중년의 남자는 '붉은 셔츠대'를 이끌고 있는 쥬세페 가

〈시칠리아 섬 지도〉

리발디였다. 그는 19세기에 사르디니아왕국을 바탕으로 외세를 몰아내고 이탈리아를 통일한 근대 최고의 전쟁영웅이다.

❶ 붉은 셔츠 의용대의 위국헌신과 전쟁영웅 가리발디

이탈리아 니스에서 어부의 아들로 태어난 가리발디는 외국 침략자에 대항하여 청년이탈리아당의 혁명운동에 가담하다가 프랑스로 피신한 뒤, 남미로 건너갔다. 남미에서 13년을 보낸 그는 우루과이의 독립전쟁에 참가하여 공을 세웠으며, 1842년에는 우루과이 해군의 지휘를 맡아, 아르헨티나의 독재자와 맞선 해방전쟁에 뛰어들어 공을 세우고 멋진 영웅으로 칭송받았다. 이듬해에 다시 우루과이 군에서 복무하면서 새로 구성된 '이탈리아 연대'의 사령관이 되었다. 이 부대가 훗날 가리발디의 이름과 함께 널리 알려진 붉은 셔츠대의 모태가 되었다. 1848년 이탈리아 해방전쟁이 일어나자 조국으로 돌아온 그는 비밀리에 의용군을 조

직하여 시칠리아 섬을 다스리던 프랑스계 지배자를 몰아내고자 하였다.

1859년의 해방전쟁에서는 알프스 의용대를 지휘하였고, 이듬해 5월
에는 '붉은 셔츠대'를 조직하여 남이탈리아왕국을 점령, 사르디니아 왕
에 바침으로써 이탈리아통일에 기여하였다. 가리발디는 1860년 5월 10
일 천여 명의 붉은 셔츠를 입은 비정예 독립군을 이끌고 수적으로 압
도적으로 많은 프랑스 정예군을 물리치고 시칠리아를 해방시켰다.

이처럼 **가리발디가 이끄는 비정예 요원들은 붉은 셔츠가 상징하듯
이 순수 열정으로 위기에 처한 조국 이탈리아를 구해내고자 하였으며
시민들의 동참을 유도해내기 위해 목이 터져라 단결을 호소하고 살신
성인의 자세로 외침에 저항하였다.** 특히, 가리발디의 나라사랑이 주목
받는 것은 개인의 부귀나 영달이 차원이 아닌 외침으로부터 조국을
지키겠다는 뜨거운 충정에서 비롯되었기 때문이다. 시민들은 이러한
가리발디의 헌신적 조국사랑에 감명을 받고 지지를 보냈다. 이로부터
가리발디의 독립부대는 '붉은 셔츠대'라는 별명을 얻게 되었으며, 자원
입대자 또한 계속 늘어났다. 이러한 '붉은 셔츠대'의 활약에 힘입어 통
일에 대한 분위기는 한층 고조되었으며, 마침내 이탈리아통일이라는
대위업이 달성되었다.

❶ 시민들의 열렬한 성원과 지원에 힘입어 통일과업 완성

가리발디의 조국에 대한 헌신적 자세를 통해 우리가 배울 수 있는
점은 무엇인가.

첫째, 무엇보다 시민들의 열광적인 지지를 얻었기에 이탈리아 통일을 성공할 수 있었다는 점이다. 가리발디가 시칠리아 섬을 평정한 뒤 여세를 몰아 이탈리아 반도를 통일하기까지는 시민들의 절대적인 지지가 있었기에 가능하였다. 특히, 시칠리아 섬 주민들은 외국 세력인 프랑스군의 지배에 염증을 느끼고 있었기에 붉은 셔츠단의 시칠리아 섬 도착을 열렬히 환영하였다. 또한 가리발디가 이탈리아를 통일하기 위해 나폴리 교외에 나타나자 국왕은 놀라 도망을 가버림으로써 총 한발 쏘지 않고 입성하였는데, 이때에도 시민들은 그를 이탈리아 독립운동의 진정한 지도자로 추켜세우며 진심으로 환영해주었다.

둘째, 붉은 셔츠대가 비록 비정예 독립군대였지만, 붉은색이 상징하는 불타는 열정을 이미지화하여 붉은 셔츠대를 강한 군대로 형상화시켰다. 또한 가리발디의 전장에서의 심금 울리는 연설은 시민들의 동참을 유도하였고 장병들의 사기를 진작시켜 이탈리아 통일에 크게 기여하였다. 다시 말해 붉은 셔츠대가 조국통일을 위해 붉은 색깔의 셔츠를 함께 입고 창이 넓은 모자를 쓰고 손에는 총과 칼을 든 모습에, 시민들은 감명을 받고 자신들의 안이한 나라사랑 정신에 채찍질을 가함으로써 적극적인 동참과 단결을 도모하게 되었고, 이는 곧 통일의 길로 나아가는 원동력이 되었다.

셋째, '가리발디의 이탈리아 통일을 향한 모든 노력이 정치적인 색깔을 띠지 않는 순수한 열정'에서 비롯되었다는 점이, 그를 진정한 전쟁영웅으로 칭송받게 한다. 가리발디는 이탈리아 통일을 위해 나폴리에 입성하고 사르데냐 왕국의 수상 카보우나와 협상하여 이탈리아 통일 왕국을 건설하고는 어떠한 대가도 바라지 않고 조국을 위해 일하겠다는 발표를 남긴 채 고향으로 홀연히 돌아갔다. 이후 그는 사회사업을 하면서 여생을 보냄으로써 이탈리아의 진정한 국민적 영웅으로 추앙받게 되었다.

오늘날 통일된 이탈리아의 모습은 **가리발디의 열정적인 투혼발휘와 헌신적인 나라사랑 정신이 있었기에 가능했음을 알 수 있었다.** 만약에 자신의 조국이 외침으로 인해 위기에 처해 있다면 결사항전을 결의하기는 쉬워도, 선봉에 서서 국민들에게 참여를 호소하고 비정예 군대를 결성, 진두지휘하기는 쉽지 않다. 가리발디는 이러한 점들을 몸소 실천하였기에 오늘날 이탈리아 국민들은 그를 진정한 전쟁영웅으로 칭송하고 있는 것이다.

> 전쟁에서 이기고 지는 것은 군사의 많고 적음에 달려 있지 아니하고, 사람들의 마음가짐이 어떤가에 달려 있다.
>
> — 김유신 —

† 자결로 을사조약의 부당성을 고발한 헤이그 밀사 이준과 도시락 폭탄으로 원흉을 처단한 윤봉길 의사

◢ 이준 열사의 자결은 선택인가 필연인가

이 준 열사는 「살기 위해서는 죽기로써 싸워야 한다」는 좌우명을 가지고 자결하는 순간에도 "우리의 조국을 구해주시오, 일본인들이 우리를 유린하고 있습니다."라는 최후의 유언을 남기고 수만 리 이역에서 분투하다가 뜻을 이루지 못한 채

〈헤이그 이준 열사 동상〉

순국하였다. 그는 와세다대학 법과를 졸업하고 독립협회의 일을 보면서 구국운동에 헌신해 왔다.

한국 역사상 가장 치욕적인 을사조약(乙巳條約)이 1905년 강제로 체결되어 일본의 보호정치가 시작되자 독립 운동가들, 애국청년가 등 수많은 국민들은 일본에 대해 분노와 함께 치를 떨고 있었다. 그러던 1907년 6월 네덜란드 헤이그에서 만국평화회의가 개최된다는 정보가 있자 고종황제는 을사보호조약의 부당함과 우리의 억울함을 밀사를 보내어 세계만방에 호소하라는 밀명을 내리게 된다.

바로 이때 밀사로 이준, 이상설, 이위종이 헤이그에 도착하여 평화회의 의장인 러시아 대표 '넬리도포' 등을 접견하고 회의에 참석, 발언 기회를 요청하였으나 일본의 끈질긴 방해공작으로 기회를 얻지 못하였다. 만일 헤이그 밀사들이 회의에 참석하였다면 을사조약 체결은 한국 황제의 승인 없이 일본의 협박에 의한 것이므로 당연히 무효화되어야 한다는 등의 을사조약의 부당함을 전세계에 호소함으로써 커다란 파장을 일으켰을 것이다. 그러나 계획이 실패로 돌아가자 이준은 비분강개하고 개탄해하면서 선택할 수 있는 마지막 수단인 자결을 통하여 대한민국의 울분을 피력하고자 하였다.

● 이준 열사 자결의 의의

첫째, 이준 열사는 고종황제가 부여한 헤이그 밀사의 임무를 성공적으로 수행하지 못한 자책감에 의해 우울하고 침통한 나날을 보내다가 유일한 대안인 자결을 택했을 것이다. 단 하나밖에 없는 목숨이기에 이준 열사 자신도 자결을 결심하기까지 고뇌에 찬 밤을 지새웠을 것이다. 목숨이 왜 소중하지 않았겠는가? 그러나 대한제국의 억울함을 표현하기 위해서는 당시로서는 이 방법 외에는 다른 대안을 찾을 수 없었을 것이다. 따라서 우리는 이준 열사가 자결을 했다는 사실보다는 왜 자결을 했으며, 자결하지 않을 수 없었던 시대상황을 주지해야 할 것이다.

둘째, 억울함을 호소할 창구가 없었다. 불평등조약인 을사조약이 체결되어 대한국민 모두가 분노와 실망감으로 격분하고 좌절하고 있을 때, 네덜란드 헤이그에서 만국평화회의가 개최된다는 소식은 실낱같은 유일한 희망이었다. 을사조약의 천부당만부당함을 밀사를 통해 세계만 방에 호소하고 싶었던 것이다. 그러나 이마저도 일본의 반대와 강대국들의 방해로 실현되지 못한다는 것을 아는 순간 이준, 이상설, 이위종 3명의 밀사는 자신의 울분은 감내할 수 있었으나, 자신들에게 커다란 기대를 걸고 있는 대한민국 국민들에게 좌절감을 줄 수 있다는 사실 앞에 더 이상 이성으로 감정을 짓눌러 놓을 수 없었다. **억울함에 대한 처분보다도 억울함을 호소할 창구조차 없다는 사실이 이준 열사로 하여금 자결을 선택하지 않을 수 없게 만들었던 것이다.**

셋째, 전세계가 '을사조약'의 부당함을 인식하는 계기가 되었다. 이준 열사가 헤이그 만국평화회의장에서의 자결로 대한제국의 억울함을 전세계에 알림으로써 비로소 국제사회에서 밀사가 오죽했으면 그러한 행동을 하였을까라는 관심이 일어나게 되는 계기가 되었으며 일본에 대하여 부정적인 여론이 들끓게 되는 계기가 되었다.

🔹 도시락 폭탄으로 일제 원흉들을 처단한 윤봉길 의사

윤봉길 의사는 "장부는 한번 집 떠나면 결코 돌아가지 않는다."라는 말을 몸소 실천에 옮겼으며, 구국의 일념으로 일신을 초개와 같이 버리기 전 홍구공원에서 다음과 같이 소원(所願)하였다. "고향에 계신 부모 형제·동포여, 더 살고 싶은 것은 인정(人情)이옵니다. 그러나 죽음을 택하여야 할 오직 한 번의 가장 좋은 기회를 포착했습니다. 백년을 살기보다 조국의 영광을 지키는 이 기회를 택했습니다. 안녕히 계십시오."

23세에 김구 선생의 한일 애국단에 가입하여 왜적에 결정적 타격을 줄 기회를 찾던 중, 1932년 4월 29일 일본의 천장절(天長節)을 기하여 일본의 상해사변전승축하회가 상해 홍구공원에서 열리는 것을 알고 거사를 결의하였다. 김구로부터 도시락 폭탄을 받아 몸에 품고 경비가 삼엄한 식장으로 뚫고 들어가 식장 정면에 투척, 폭발시킴으로써, 일본 거류인 단장 가와바타는 현장에서 즉사하고, 최고사령관 시라카와 대장도 전신에 파편을 맞아 5월 26일에 죽었으며 제3대 사령관 노무라, 제9사단장 요시다 등의 중요 요직의 왜인 10명이 중상을 입었다. 6월 21일 군법회의에서 사형이 즉결되어 24세의 일기로 일제의 손에 의해 사형이 집행되었다.

🔹 윤봉길 의사 거사 의의

윤봉길 의사는 영원히 사는 법을 제대로 알고 실천에 옮겼다. 거사하기 바로 직전 홍구공원에서 밝혔던 형제·동포의 소원 내용에서 언급된 바와 같이, **윤봉길 의사는 자신도 오래 살고 싶지만 조국의 영광을 위해 죽음으로써 영원히 사는 법을 택하였다.** 오래 살고 싶은 개인적 욕망을 조국을 위해 버릴 수 있는 냉철한 이성을 소유한 윤봉길 의사야말로 진정한 애국자임을 알 수 있다.

〈윤봉길 의사 동상〉

이준 열사는 자결로서 을사조약의 부당성을 만천하에 외쳤고, 윤봉길 의사는 도시락 폭탄을 던져 왜장들을 물리쳤다. 일제에 항거하는 방법은 서로 달랐지만 **구국의 일념으로 일신을 초개와 같이 버리고 민족과 더불어 영원히 사는 법을 택한 것은 공통점이라 하겠다.**

군인다운 성격 가운데 인간에게 가장 깊은 감명을 주는 것은 용기이다.
용기야말로 모든 군사행동을 성공시키는 기초가 된다.

— 맥아더 —

† 비폭력 저항으로 민족 독립을 쟁취한 간디

▮ 폭력을 누른 비폭력 저항정신

"무살생 · 비폭력(Ahimsa)은 가장 위대한 사랑이며, 최상의 법칙이다. 이것만이 인류를 구하는 유일한 길이다. 비폭력을 믿는 사람은 살아 있는 신을 믿는 사람이다."

〈간디〉

이 말은 약 300여 년 동안 영국의 식민지배를 받아온 인도에게 독립을 가져다준 모한다스 간디가 남긴 말이다. 곧 쓰러질 것 같은 허약하고 작은 체구를 가진 간디이지만 영국의 인도 무력지배에 대해서는 폭력보다도 훨씬 강력한 비폭력 무저항과 불복종이란 무기를 사용하여 마침내 침략자 영국을 굴복시키고 1947년 8월 15일 인도의 독립을 쟁취하였다.

종전까지 세계 여러 나라에서 민족의 독립을 쟁취하려는 데는 거센 폭력투쟁이 커다란 역할을 하였으나, 인도에 있어서는 간디의 사티아그라하 사상에 입각하여 비폭력 무저항주의에 의해 평화적으로 추진되었다. **간디의 평화사상에 바친 업적은 민주적 민족주의자라고 보는 편이 타당하며, 특히 비폭력 · 무저항주의는 인류 역사에 길이 남을 것이다.**

▌ 인도 건국의 아버지 마하트마 간디

인도 민족운동의 지도자이자 건국의 아버지이며, 큰 성인이라 불리는 간디는 상인계급에 속하는 부유한 관리의 아들로 태어났다. 내성적이고 감수성이 예민한 간디는 런던에 가서 법률학을 공부한 후 변호사가 되었다. 그 후 남아프리카에 있는 이슬람인 회사의 초빙변호사가 되었지만 영국인으로부터 기차 속에서 모욕적인 인종차별을 경험하게 됨으로써 생의 새로운 전기를 맞이하게 된다. **남아프리카에서 1등석 열차표를 가지고서도 영국인들에 의해 1등 객실에서 강제로 쫓겨난 것이다. 이 일이 있은 후, 간디는 남아프리카에 사는 7만 인도 사람들의 지위와 인간적인 권리를 보호하기로 결심하고 인종차별 반대투쟁 단체를 조직, 지도자로 활동하였으며, 겁쟁이 변호사에서 두려움을 모르는 혁명투사로 변하기 시작했다.** 그는 "나의 적극적인 비폭력운동은 그날부터 시작됐다"고 회고하며 기록하고 있다.

처음에는 당국에 대한 호소로부터 출발했으나, 1919년 인도 민중 탄압법인 롤라트법이 제정되자 영국의 지배에 반기를 들어 그는 수세기 동안 내려온 인도의 전통사상과 톨스토이 · 러스킨 등 서구 개혁가들의 사상을 결합한 '시티아그라하(정신력 또는 진리파악)' 저항운동을 전개했다. 그의 운동은 인도 독립을 쟁취하는 방법으로 불의에는 정의로 대항하고, 폭력에는 비폭력, 그리고 제국주의 권력에는 비협력적으로 대항한다는 것이었다.

인도국민회의파의 연차대회에서는 간디의 지도하에 영국에 대한 비협력운동 방침이 채택, 납세거부·취업거부·상품불매 등을 통한 비폭력 저항을 실시하였다. 1920년 펀자브에서 400명에 달하는 인도인이 영국군에게 학살되는 사건이 발생하자 인도국민회의를 민족주의의 효율적인 정치기구로 바꾸어 영국 정부에 대한 비폭력 불복종 운동을 전개하였다.

1930년 3월 간디는 438㎞의 국토행진을 강행하며 제2차 불복종운동을 벌였다. 여기에서 그는 그 유명한 '바다로의 행진'을 지도해 소금생산의 독점권을 규정한 영국 식민정부에 대항, 도보로 행진하며 무기력한 인도 군중들에게 반영국 투쟁의식을 고취시켰다. 간디의 비폭력운동 중 가장 성공적이었던 '바다로의 행진' 운동에서 6만 명 이상이 투옥되었으며 간디 자신도 체포당했다. 1932년 영국 어윈 총독과의 간디-어윈 협정에도 계속 탄압정책을 쓰는 영국 당국에 항의하기 위해 61세의 고령으로 사티아 그라하 운동을 재개하다가 투옥되었다.

그 후 제2차 세계대전이 발생하자 영국은 인도의 찬성도 얻지 않고 인도를 전쟁에 투입하자 인도국민회의는 자치정부 수립을 조건으로 영국에 협력하였다. 73세의 고령의 나이임에도 불구하고 간디는 1942년 영국에 즉각적인 철수를 요구하면서 불복종운동을 펼친 결과, 1년

9개월간 감옥에 투옥하게 되었다. 그 후 영국으로부터 독립을 쟁취한 이후에는 인도 내부에 잔존하는 힌두교도와 회교도 간의 대립을 융화하기 위해 계속적인 노력을 기울였지만, 1947년 결국 인도는 영국으로부터 2개의 분단국가, 인도와 파키스탄이 유혈로써 분단되는 아픔을 겪고 만다. 간디는 두 종교의 갈등을 해결하고자 단식에

〈간디〉

들어갔고 단식에 의해 1947년 캘거타의 폭등이 가라앉고 1948년 1월 델리에서 휴정이 이루어졌다.

그토록 조국통일을 위해 헌신했던 간디마저 조국현실이 처한 힌두교와 회교도의 내재적 갈등에 대한 해소방법의 예리하고 시의 적절한 판단을 놓친 나머지 뒤늦게 자신의 종교인 힌두교의 과격분자 청년에게 비운의 총탄을 맞고 쓰러지고 만다.

▌ 비폭력에 의한 저항이 훨씬 큰 영향을 주어

간디가 우리에게 남긴 것으로 먼저 **비폭력에 의한 새로운 저항방식을 제시하였다.** 세계 많은 국가들이 독립을 쟁취하기 위해 폭력을 사용함으로써 폭력이 난무하는 시기임에도 불구하고 간디는 사티아그라하 사상에 입각한 비폭력으로 침략자 영국에 끈질기게 저항, 결국에는

독립을 쟁취함으로써 비폭력에 의한 저항이 폭력보다 훨씬 강력하다는 것을 우리에게 일깨워 주었다. 즉 비폭력 방법이기에 폭력적인 방법과 크게 대비되는 것으로 사실상 민중의 가슴에 훨씬 더 큰 반향을 불러일으킨 것이다. 그리고 간디는 다양한 성향을 지닌 남녀노소 그리고 서구의 많은 종교인과 인도의 거의 모든 종파로부터 애정과 충성을 받았다. 그는 정치지도자였지만 그의 생애의 주요 동인(動因)은 종교였으며 평생 비폭력의 사상을 일관되게 지켰다. 간디의 저서 <인도의 자치>에서 표현되는 서구의 무분별한 물질주의와 식민사관에 대한 비판, 폭력에 대한 거부는 문명의 폐해와 평화의 위협으로 가득한 현대 세계에서도 높이 평가받고 있다. 만일 남들이 하는 방식인 폭력으로 간디가 독립운동을 전개하였다면 지금처럼 평가받지 못했을 것이다. **무살생, 비폭력이 가장 약한 대응처럼 보이지만 민중의 속으로 깊이 파고들어 민중들의 마음을 크게 움직임으로써 사실상 어떠한 저항보다도 더욱 강력**했음을 간디는 온몸으로 보여주었다.

INDIA OF MY DREAMS

I shall work for an India, in which the Poorest shall feel that it is their country in whose making they have an effective voice; an India in which there shall be no high class and low class of people; an India in which all communities shall live in perfect harmony. There can be no room in such an India for the curse of untouchability or the curse of intoxicating drinks and drugs. Women will enjoy the same rights as men. Since we shall be at peace with all the rest of the world, neither exploiting, nor being exploited, we should have the smallest army imaginable. All interests not in conflict with the interests of the dumb millions will be scrupulously respected whether foreign or indigenous. Personally, distinction between foreign and This is the India of my dreams.

M.K. Gandhi.

〈간디 박물관〉

126

✝ 태극전사들의 그라운드에서의 투혼과 열정은 현대식 살신성인

▰ 월드컵 4강 신화창조

"~한민국", 이 말은 '02년 월드컵 기간 동안 국민들의 '공식 인사말'로 굳어졌으며, 거리마다 누구 먼저랄 것도 없이 외친 국제적인 유행어가 되었다. 또한 장롱에 고이 보관하던 태극기는 응원용 치마, 망토, 두건 등으로 거침없이 사용되었다. 대형 전광판이 설치된 전국 수백 곳 광장에서 길거리 응원을 하는 인파가 수백만에 이르렀으며, 붉은 신바람이 거세게 몰아쳤다. **한국 축구가 월드컵 4강에 진입한 것은 세계 축구사를 다시 써야 할 만큼 충격 그 자체였다.**

2002년 6월 한 달여의 월드컵대회 기간 동안 붉은 물결로 천지가 들끓다시피 하였다. 16강에 들면 성공했다고 보았는데, 8강을 거쳐 4강까지 진입함으로써 한국 축구의 위상이 드높아진 것은 물론 한국민의 저력을 마음껏 과시하였다.

과거 전쟁은 총과 칼로 무장한 전사들이 반드시 상대를 죽이면서 자신들의 위용을 과시하였으나, 오늘날에는 칼과 총 대신에 축구공으로 11명의 대표선수들이 90분 동안 그라운드에서 승패를 결정짓게 된다. 이처럼 스포츠 경기는 전쟁을 통해 피를 흘리지 않으면서도 정해진 경기 규정에 의해 **서로의 투지와 용맹을 겨루어 승패를 가르게 됨으로써 전쟁을 하듯 혼신의 노력을 다하게 된다.**

11명의 태극전사들은 열정과 정열의 상징인 붉은색 옷을 입고 세계 열강들과 민족의 자존심을 걸고 승부를 벌였다. 꿈의 월드컵 4강 진출은 국민들의 뜨거운 성원과 태극전사의 헌신적인 노력의 결실이다.

2002년 6월은 온통 붉은 물결로 들끓었다. 태극전사들의 용맹과 열정은 국민들을 거리로 쏟아져 나오게 하여 '대~한민국'을 외쳐 부르게 하였다. 그것은 힘없이 고개 숙인 얼굴이 아니라 약동을 상징하는 Dynamic 그 자체였다. 즉 처음 보는 사람들도 같은 옷을 입고 같은 구호를 외치며 같은 장단에 손뼉을 치고 골을 터뜨릴 때마다 서로가 부둥켜 앉고 양 볼에 순수한 감동의 눈물을 흘렸다. 등뼈를 꼿꼿이 세우고 깃발처럼 나부끼던 '붉은 악마'의 신선한 얼굴들. 언제 우리가 이렇게 당당하고 행복하게 웃어본 적이 있는가. 한국 축구의 월드컵 4강 진출은 한국 축구사에 있어서 과연 두 번 다시 재현될 수 있을까 할 정도로 충격과 기적 그 자체였다.

❶ 월드컵과 레드 신드롬

한일 월드컵이 한반도에 남긴 사회·문화적 족적은 깊고 넓었으며, 그 영향력은 메가톤급이었다. 길거리 응원에서 수십만이 입고 있던 **붉은색 셔츠는 붉은색이 공산주의라는 낡은 공식을 단번에 바꿔버렸다.** 즉 우리를 갈라놓고 주눅 들게 했던 '레드콤플렉스'에서 눈부신 심홍색 빛깔, 홍상같이 즐겁던 축제에 입던 의상이 된 것에 의하여, **붉은색의 문화코드도 피와 악의 상징에서 젊음과 열정, 단합의 부호로 바뀌었다.** 한일 월드컵에서 '붉은 악마' 응원단이 월드컵과 국가대표 축구팀에 대하여 일반 국민의 관심을 끌기 위하여 기획한 것이 'Be the Reds' 캠페인이다. 축구 국가대표팀의 경기 때마다 대표팀의 유니폼 색깔인 붉은 옷을 입고 응원에 참가하자는 의미를 담고 있었다.

붉은 악마의 'RED'는 한국인의 국민성인 끈기를 뜻하는 Resilient, 열정을 의미하는 Enthusiastic, 그리고 역동성을 상징하는 Dynamic의 문자풀이로 경제연구소에서 해석하고 있다.

✔ 4강 신화의 전사들을 양성한 히딩크

어떤 전사는 근육이 파손되어 마취제를 맞고 그라운드를 누볐으며, 어떤 전사는 얼굴에 부상을 입어 마스크를 쓰고 뛰었다. 한국 축구 4강 신화의 기적은 붉은색 셔츠를 입은 11명의 전사들의 투혼의 결과만이 아닐 것이다. 11명의 전사와 똑같은 색의 붉은 옷을 입고 전국 곳곳에서 "대~한민국"이라고 외쳤던 수많은 국민들의 성원이 4강 신화를 창조했으며, 그리고 또 한 사람 바로 '거스 히딩크 감독'이 있었기에 가능했다. 능력 있는 선수 선발도 출신을 따지기 때문에 어렵고,

경기 한두 게임만 지면 책임을 운운하는 조급함 속에서도 그는 자신이 정한 원칙대로 소신 있게 한국 축구를 재구성했다. 그는 학연·지연을 배제하고 포지션별 자유경쟁을 통해 좋은 선수를 선발하였으며, 감독 지시보다 선수 스스로 생각하는 플레이를 하도록 유도했고, 기초체력을 강화하고 놀이식 훈련으로 흥미와 재미를 가지도록 유도하였으며, 주류반입금지·비디오채널을 끊는 등의 책임지는 자유주의를 택하였다. 끼리끼리 식사보다는 선후배 혼합형 식사를 통해 커뮤니케이션을 강화한 것이 모두 모여 4강 신화의 기적을 만들었다.

■ 월드컵 4강 신화를 계승 발전시켜야

월드컵 4강 신화에서 배우는 교훈은 다음과 같다.

첫째, 11명의 붉은 전사의 투혼을 계승하자. 스포츠는 승리를 위해서는 수단과 방법을 가리지 않는 무자비한 전쟁이 아니라 '룰'에 의하여 폭력을 배제시킨 새로운 형태의 전쟁이다. 그래서 신성한 스포츠임에도 승패 결과에 대해서는 민감하게 반응하게 된다. 자칫 부당 판정 시에는 억누르고 있던 감정이 폭발하여 불미스러운 일이 발생되기도 한다. '11명의 태극전사'가 월드컵 축구에서 이룬 4강 신화의 기적을 계승, 민족 발전의 계기로 삼아야 할 것이다.

둘째, '★꿈은 이루어진다'는 것을 믿어보자. 월드컵 4강 이전만 해도 우리는 16강만이라도 진출하면, 대성공이라고 하였다. 그 속에서 11명의 전사는 자기희생적인 투혼을 발휘하여 4강 신화를 만들어냈다.

앞으로도 어떠한 일에서 이번에 보여준 저력을 발휘한다면 세계무대에서 대한민국의 명예를 드높일 것으로 확신한다.

셋째, 국민으로부터 사랑과 신뢰를 받는 군이 되도록 노력하자. 세계 언론으로부터 주목을 받았던 '4강 신화'의 기적은 11명의 전사가 하나 되어 일구어낸 합작품일 뿐만 아니라 붉은색 유니폼을 입고 길거리 응원을 주도한 국민들의 지지와 동참이 있었기에 가능했음을 주지해야 할 것이다.

넷째, 축구붐을 조성하자. 전쟁에서 적과 싸워 이기기 위해서는 무엇보다 강인한 체력이 필요하다. 많은 스포츠 종목 중에서 축구경기는 기초체력 강화에 더없이 좋은 종목이다. 2010년, 2014년……월드컵은 계속될 것이며, 11명의 태극전사들이 2002년 그라운드에서 보여주었던 열정을 본받아 민족도약의 전기로 삼아야 하겠다.

군데에 있어서 가장 중요한 요소는 병사들의 사기(士氣)이다. 병사의 사기가 저하된다면 몇 만발의 포탄을 가지고 있어도 무용지물이다. 그리고 병사들은 무기를 사용하고 있을 때 가장 사기를 높이는 것이니, 아무튼 포격을 계속하는 것이 적중(敵中) 돌파의 비결(秘訣)이 된다.

―롬멜―

Theme Ⅱ

정신사조에 의한 살신성인

† 최후의 순간까지 신사의 도의를 지키는
영국 신사도

▌ 침몰하는 함정에서 보여준 감동

식 인 상어 떼가 우글거리는 아프리카 북단 해역의 어느 바닷가
에 풍랑은 거칠게 휘몰아치고 배는 서서히 가라앉고 있었다.
때는 1852년 2월 27일 새벽2시 영국 해군 수송선 버른헤드로가 암초에
충돌하여 침몰하고 있었다. 이 배에는 군인 472명, 군인가족 162명이
타고 있었으나 60명 정원의 구명보트는 3척밖에 없어, 180명만 구조되
고 450여 명은 운명을 달리할 수밖에 없는 상황이었다. 사람들은 절망
에 휩싸여 울부짖고 있었다. 이에 반하여 해군 장병들은 함장 시드니
대령의 진두지휘 아래 가족들을 3척의 구명보트에 옮겨 태웠는데, **해군
장병들은 18명이 더 탈 수 있음에도 불구하고 단 한 명도 구명보트에
타지 않았다.** 가족을 실은 구명보트가 시야에서 벗어나 안전하게 떠날
때까지 함장 이하 472명 전 장병은 차렷 자세로 구명보트를 향해 거수
경례를 한 채 가라앉는 배와 함께 바다 속으로 사라졌다. 영원히, 아주
영원히.

죽음이 임박해오는 절박한 상황 속에서 영국 해군은 한 치의 흐트러짐이나 동요됨이 없이 자신들보다는 어린이, 노약자, 여성을 우선 살려내어, 최고의 명예인 '신사도'를 발휘하는 저력을 보여주었다. 이 사실은 1859년 스마일의 '자조론'에 소개되어, 뒤늦게 소식을 들은 많은 사람들에게 진한 감동과 함께 신선한 충격을 주었다. 이와 같이 **영국 해군이 보여준 최후의 순간까지 책임과 도의를 다하는 공동체 정신은 신사도에서 그 뿌리를 찾을 수 있으며, 이러한 신사도는 기사도에서 비롯된 것이다.**

다시 말해 영국의 신사도는 공분(公憤)에 의연해야 하고 전쟁이나 공익에 위험을 무릅쓰고 선봉에 서야 하며, 명예를 소중하게 여겨 약자에게는 관대하였다. 여성에 대한 정중한 태도, 노인, 어린이 등 사회적 약자에 대한 위로 등도 신사도의 특성이라 하겠다.

▌ 기사도에서 유래된 신사도

이러한 영국인들의 위대한 정신적 자산이라 할 수 있는 기사도의 탄생과 주요 특성에 대해 살펴보면 다음과 같다.

기사도(Chivarly)는 말을 뜻하는 프랑스어 슈발(Cheval)에서 유래했다. 원래 소년이나 급한 용무를 띤 사자를 의미하던 기사(Knight)는 무기를 소지할 수 있는 특권이 허용된 젊은 남자를 특별히 지칭하던 말이었다. 이러한 특권은 가문이 좋고 부유한 남자들만이 누릴 수 있었고, 보통 사람들은 무기를 지닐 수 없었다.

출처: 네이버

〈중세 기사〉

로마제국이 기울 무렵인 서기 5세기경, 북유럽 국가들에서 기사도가 탄생했는데, 중세의 기사들은 게르만 전사들의 무분별한 호전성을 순화시킬 필요성을 느껴, 명예롭지 못한 기습이나 약자와 패자에 대한 학대와 살해 등은 금지되었다. 그래서 **기사도란 영웅이 갖추어야 할 이상적인 품성으로, 무용(武勇), 성실(誠實), 명예(名譽), 예의(禮儀) 등의 덕목이 있으며**, 십자군 시대부터 교회의 영향을 받아 경건, 겸양, 약자 보호라는 덕목이 보태어졌다. 윗사람에게는 용기, 정의, 겸손, 충성으로, 동료들에게는 예의로, 약자에게는 연민으로 대하고, 교회에서는 헌신할 것을 요구했다.

기사제도가 중세와 더불어 몰락하자 기사도를 대신하여 존경할 만한 남성의 행동규범으로 신사도가 나타났다. **명예의 존중, 관용, 봉사, 함부로 남과 싸우지 않는 것, 어쩔 수 없이 싸우게 되는 경우에도 일정한 룰을 지키는 것(소위 페어플레이 정신), 부상당한 상대를 필요 이상으로 다치게 하지 않는 것** 등이 신사도의 핵심내용이다.

또 여성에 대한 정중한 태도, 노인, 어린이 등 사회적 약자에 대한 위로 등도 기사도의 신사도에 대한 유산이라고 할 수 있다.

기사도와 무사도의 차이는 무사도가 주군에 대한 복종과 충성을 큰 원칙으로 하고 있는 반면 기사도는 여성에 대한 존중, 사회약자에 대한 위로를 주요 덕목으로 삼고 있다는 점이다.

▌도의를 지키기 위해 죽음을 불사하는 영국 군인들의 사생관

침몰하는 함정에서 보여준 영국 군인들의 책임과 의무를 앞세운 행동에서 무엇을 본받아야 할 것인가?

첫째, 드높은 질서의식을 본받아야 한다. 암초에 부딪혀 배가 침몰하는 순간이면 제아무리 군인정신이 충일할지라도 살기 위해 발버둥을 칠 것으로 생각되나, 영국 해군은 당황해하지 않고 지휘관인 함장의 지시에 따라 평소 훈련받은 대로 일사불란하게 행동했음을 본받아야 하겠다.

둘째, 영국 군인들의 여성, 노약자 보호 등 국민의 생명을 우선시하는 정신을 본받아야 하겠다. 구명보트 3척에 단 1명의 군인도 탑승시키지 않고 전원 민간인들만 탑승시키는 절도 있는 행동을 본받아야 하겠다.

영국 국민의 정신사조는 청교도 정신과 신사도가 중요한 2가지 축을 이루고 있다. 청교도 정신은 철저하게 깨끗한 삶과 극도로 절제된 생활을 강조하는 신앙운동이며, 신사도는 명예를 소중히 여기고, 페어플레이 정신을 존중하며, 여성과 약자에 대한 위로 등을 그 바탕으로 한다. 침몰하는 함정에서 영국 해군은 구명보트에 민간인들만 태우는 절도 있는 청교도 정신과, 민간인, 여성, 약자 우대의 신사도 정신을 동시에 보여주었다.

셋째, 영국 해군의 투철한 군인정신이 살아 있음을 보여주었다. 영국해군이 배가 침몰하는 순간에 보여준 행동은 결코 하루아침에 이루어진 것이 아니라 명예를 숭상하는 오랜 전통을 행동으로 보여준 것이라 하겠다. 3척의 구명보트에 추가적으로 더 탈 수 있는 18명을 골라내기 위해 계급순으로, 연령순으로, 병약자순으로 등등의 논란이 있을 수 있었겠지만, 가라앉는 함정과 운명을 같이 한다는 공평한 룰을 적용함으로써, 수많은 사람들에게 진한 감동을 주었다. 만일 구명보트에 추가로 태울 18명을 고르는 데 많은 에너지를 소진했다면 군인가족 구조에도 지장을 초래하였을 것이며 영국 해군의 불명예스러운 처신으로 회자되었을 것이다.

비록 그들은 모두 장렬하게 바다 속으로 가라앉았지만, 사람들의 감동이 사라지지 않는 한 그들의 숭고한 희생정신을 영원히 기억할 것이다. 해가 지지 않는 대영제국의 신화는 결코 쉽게 이루어진 것이 아니라, 신사도 정신에 입각하여 명예를 소중히 생각하고 약자에 대해 관대하며, 전체를 위해서는 철저하게 개인을 희생시킬 수 있는 위대한 정신적 자산이 뒷받침되었기에 가능했던 것임을 결코 잊어서는 안 될 것이다.

> 적과 싸울 때 승리에 의심을 갖는 병사들이 있을 때는 대단히 위험하다.
>
> — 몽고메리 —

† 임전무퇴의 화랑정신은 민족정신의 원류

▌ 세속오계를 통해 신의(信義)를 기르는 화랑도

16 세 나이에도 불구하고 용감하게 적장으로 뛰어들어 목이 잘린 채 돌아온 화랑 관창의 기백과 임전무퇴의 정신이 없었더라면, 신라는 삼국을 통일의 위업을 달성할 수 없었을 것이다. 신라의 화랑들은 수련과정을 통해 위로는 국가를 위하고 아래로는 벗을 위하여 죽으며, **대의(大義)를 존중하여 의(義)에 어그러지는 일에는 죽음으로써 항거하고 국가를 위하여 용감히 싸우다가 전사함을 찬양하였다.** 또한, 신라의 화랑도는 부귀영화에 구애 없이 정의를 위해서는 물불을 가리지 않고 오직 대의(大義)를 따르는 인격을 연마하였다. 이와 같은 화랑들의 헌신적인 애국정신이 삼국통일의 대업을 달성하는 데 커다란 원동력이었다.

신라 진흥왕 때에 현재의 사관학교와 같은 국가의 군대를 양성하는 화랑제도를 만들고 여기에서 배출되는 화랑들은 물러섬을 수치로 여겨, 저돌적인 용맹성으로 눈부신 활약을 하였다. 화랑들의 활약에 힘입어 신라는 삼국 중 가장 늦게 발전하고 지리적으로 가장 불리한 위치에 있었음에도 불구하고 신라가 최초로 한반도를 통일한 국가가 되었다.

진평왕 때 원광법사가 제정한 세속오계는 신라 화랑이 지켜야 할 덕목일 뿐만 아니라, 호국적인 교육이념으로 삼국통일의 원동력이 되었다. 화랑도의 세속오계는 **임전무퇴(臨戰無退), 살생유택(殺生有擇), 사군이충(事君以忠), 사친이효(事親以孝), 교우이신(交友以信)**이다. 이것은 신라 원광법사가 화랑들이 반드시 지켜야 할 율법으로 귀산과 추항이란 두 화랑에게 5가지 계율을 정해준 것에서 비롯되어 이후 화랑들이 지켜야 할 지표가 되었다. **신라시대 화랑이란 누구나 될 수 있는 것이 아니라 진골과 성골로 이루어진 귀족의 자손들로 300명에서 5,000명의 낭인을 거느리며 수려한 산이나 강에서 단체생활을 통해 심신을 수련하고 단결력을 도모하였다.** 화랑들은 향가와 가무로써 정서교육과 도덕을 함양하였고 무술, 궁술 등을 익혀 용맹한 전사들이 되어 국가에 충성하게 하였다.

Ⅰ 용감히 싸우다가 전사함을 찬양하는 화랑도

화랑들은 명산대천에서의 수련활동을 통하여 단결심을 함양하고 호방한 성격을 길렀으며, 국토에 대한 애착심을 길렀다. 나라에 충성하고 오직 전진이 있을 뿐 물러섬을 부끄럽게 여겨, 적에 패하면 자결할지언정 포로가 됨을 수치로 아는 등 독특한 기질과 기풍을 함양시켰다. 한편, 화랑도에 대한 평가에 있어 통일신라 초기 역사가 김대문은 저서 화랑세기에서 "현명한 재상과 충성스러운 신하가 여기에서 배출되고, 훌륭한 장수와 용감한 병사가 이로 말미암아 생겨났다"고 평가하였고 신채호 선생은 "조선이 조선되게 하여온 자는 화랑이다……

화랑의 역사를 모르고 조선을 말하려 함은 골을 빼고 그 사람의 정신을 찾음과 마찬가지인 우책이다"라고 말하였다. 이를 미루어볼 때 **화랑도는 신라 역사상 없어서는 안 될 핵심존재로 부각되었고 우리 민족 고대사상의 결실이요 원동력**이라 할 수 있으며, 우리는 화랑도를 통해 우리 민족의 정신적 원류를 찾을 수 있다.

▌ 결사 항전하는 화랑 관창의 기백

화랑도는 독특한 무사도로 유명한데, 화랑뿐만 아니라 낭도나 일반 병사까지 국가를 지키기 위해서 목숨을 아끼지 않는 무사도 정신으로 가득차 있었으며 화랑출신의 장군들이 솔선하여 모범을 보였다. 660년 김유신 장군 인솔 아래 백제를 공격할 때 화랑 관창과 반굴의 용맹은 신라의 사기를 드높였다.

특히, 관창은 황산벌에서 재차 적진에 돌진하여 용감하게 싸웠지만 계백 장군에 의해 목이 베어 말안장에 매달려 돌아오게 되는데, 오히려 이것이 신라군에게 결사 항전의 용기를 주어 백제군을 대파시키는 결정적 계기가 되었다.

▌ 민족정신의 원류 화랑도

삼국통일의 원동력이 된 화랑도를 통해 우리가 주지해야 할 바는 무엇인가?

첫째, 화랑정신이야말로 우리나라 군인정신의 근본임을 알아야 한다. 화랑정신의 상징인 세속오계는 1,400여 년 뒤인 오늘날의 군인들도 반드시 본받아야 할 훌륭한 계명이다. 대표적으로 6·25 전쟁 시 무명용사들은 맨손으로 적군과 맞서 싸우면서 희생을 당

〈화랑도의 상징〉

하면서도 결코 물러서지 않고 끝까지 버티어 인천 상륙에 이어 서울 탈환의 전기를 마련하는 등 임전무퇴 정신을 몸소 실천하였다. 이러한 무명용사의 거룩한 희생정신은 화랑정신에서 비롯되었다고 해도 무리는 아닐 것이다.

둘째, 화랑제도를 통해 유능한 인재를 길러냄으로써 삼국통일의 위업을 달성할 수 있었다. 신라가 위치적으로 불리한 여건에 있었음에도 역사상 최초로 한반도 통일의 영광을 차지한 것은 정세변동에 적절하게 대응하는 유연성을 갖춘 것은 물론, 무엇보다도 화랑제도를 통해 사다함, 관창, 김유신과 같은 국가를 위해 기꺼이 헌신하는 용맹한 화랑들을 양성했기 때문이다.

셋째, 화랑정신을 민족을 상징하는 정신으로 승화시켜야 할 것이다. 일본하면 무사도, 영국은 신사도, 미국은 프론티어 정신, 유대인하면 시오니즘 등 나라별로 대표하는 정신사조가 있다. 그러나 아직 우리나라를 상징하는 정신사조가 뚜렷이 없는 실정이다. 신채호 선생이 "화랑의 역사를 모르고 조선을 말하지 말라"고 말씀한 바와 같이 신라의

화랑정신을 잘 연구해서 민족을 상징하는 정신사조로 승화시키는 것도 중요한 과제일 것이다.

이 충무공이 적탄에 맞아 죽어가면서도 병졸들의 사기를 고려, 자신의 임종을 알리지 말라고 한 것, 6·25전쟁 시 최후의 방어선인 낙동강 전선을 죽기 살기로 끝까지 사수한 것, 서해교전에서 보여주었던 해군장병의 투혼정신은 모두 화랑도의 임전무퇴에서 비롯되었다고 할 수 있겠다. 또한 안중근 의사의 '위국헌신 군인본분'도 군인은 항상 국가를 생각하고 물러섬 없이 국가를 지키기 위해 목숨을 바쳐야 한다는 것으로, 세속오계의 사군이충과 임전무퇴에서 비롯되었다고 하겠다.

이와 같이 화랑도 정신은 우리 민족의 강인하고 투철한 애국정신을 반증해주고 있으며, 이러한 애국정신은 우리 역사의 핵심이며 민족정신의 바탕이므로 화랑도에서 민족의 정신적 원류를 찾도록 해야 하겠다.

> 에너지를 강력히 발휘하기 위해서는 정신적 동기(動機)가 필요하다. 그것은 전투에 있어서는 곧 명예심인 것이다. 지금까지 명예심이 없는 훌륭한 지휘관은 없었다.(클라우제비츠, Klauzewitz: 1780-1831, 프러시아, 근대 군사이론가의 시조. 저서:'전쟁존')

† 자유민주주의 위협에 즉각 응징하는 프런티어 정신

⚓ 신대륙 개척으로 자유민주주의 수호정신 일깨워

미 국의 젊은 병사들이 머나먼 제3국에서, 그리고 6 · 25전쟁에서 자유민주주의를 수호하기 위해 숨져가는 이유는 무엇이며 자유와 평화를 지키는 것을 자신의 목숨보다 더 소중하게 생각하는 이유는 무엇인가?

오늘날 **세계 최강대국 미국을 있게 한 것은 미지의 세계를 탐구하고 개척하는 프런티어 정신이다.** 개척 시대에 황금을 찾아 나선 사람들은 서부로 몰려가면서 개척자 정신으로 광활한 대륙을 개발하였다. **도전적이고 개척적인 미국의 프런티어 정신은 오늘날 미국을 초강대국이 되게 한 원동력**이며, 이러한 프런티어 정신을 바탕으로 미국은 독립 후에도 거세고 씩씩한 개척자에 의해 에스파냐 · 멕시코 등으로부터 영토를 획득, 1848년부터 현재와 같은 국가로 발전하였다. **오늘날도 미국은 프런티어 정신을 바탕으로 자유민주주의를 수호하기 위해 많은 피와 땀을 흘리고 있으며 민주주의가 위협받는 곳이면 전세**

계 어디든지 달려가 목숨을 걸고 싸우고 있다.

이것은 미국인들이 신대륙으로부터 이주함으로써 종교적 탄압에서 벗어나 자유의 소중함을 만끽해봄으로써 어떠한 일이 있어도 자유와 평화를 지켜야 하겠다는 굳센 의지를 실천에 옮기고 있는 사례라 하겠으며, 자신의 개척지를 침략자로부터 지켜내는 것을 프런티어 정신으로 보았기 때문이다.

프런티어라는 말은 원래 지명에서 유래된 것으로, 아메리카 대륙에서 백인과 인디언들이 치열하게 싸웠던 곳이다. 일반적으로는 변방으로 경계가 되는 변두리라는 뜻이다.

미국의 국민성이라고 말할 수 있는 프런티어 정신은 어디서 나온 것일까? 사학자 프리디히 터너는 미국인들의 기질은 유럽에서 물려받은 것이 아니라 신대륙을 개척하면서 만들어진 것이라고 주장하고 있다. 유럽인들은 미국의 서부 개척사를 민족의 이동이라고 단순하게 생각했다. 그러나 **미국인들은 서부를 개척해 나가면서 개인주의와 자유주의 수호정신을 배양하였으며, 어떠한 희생을 치르더라도 자유와 평화를 지켜내고자 하였다.**

프런티어의 존재가 미국 사회에 미치는 영향은 매우 크다. 광대한 프런티어는 땅의 입수를 용이하게 하여 농업발달에 기여함과 동시에, 공업제품에도 충분한 국내시장을 제공하였다. 정치면에서도 기존(旣存)의 사회적 제약에서 자유로운 프런티어들은 자유·평화라고 하는 이념(理念)에 제대로 들어맞는 기회균등의 보통선거운동 등에 무시할 수 없는 영향을 끼쳤다. 그리고 대자연에 맞서 살아나가야 하는 냉혹한 상황 속에서 '프런티어 스피릿'이라 부르는 개척정신의 기풍이 배양되어 미국 국민의 국민성의 일부가 되기도 하였다.

▌ 프런티어 정신의 현대적 조명

프런티어 정신은 미개발 지역을 개척해 나가는 미국인의 진취, 자유의 기상을 뜻하며, 청교도정신과 함께 미국 민주주의정신의 2대 요소이기도 하다. 참고로 청교도정신은 영국의 청교도들이 종교적 박해를 받다가 미국으로 이주해 와서는 엄격한 도덕, 주일의 신성한 엄수, 향락의 제한 등을 주장한 것에서 비롯되었으며, 이것이 미국의 기본 정신으로 정·경·사·문을 지배하게 되었다.

영국에서 이주해 온 프런티어들은 남들이 생각하지 못했던 황무지를 개척하는 과정에서 쌓은 모험·개척정신 등의 생존전략을 오늘날에도 다양한 분야에서 활용하고 있다. 미국은 서부개척 시대가 프런티어가 끝나자, 새로운 차원의 프런티어 정신을 바탕으로 과학과 기술 영역에서 개척, 전자공학, 생명공학, 디지털 산업, 우주과학 분야에서 세계를 선도하고 있다. 미국 시인 로버트 프로스트는 '남들이 덜 간 길'이라는 시에서 "단풍진 숲 속에서 길이 두 갈래 / 두 길을 갈 수 없어 유감이구나 / ……나는 남들이 덜 간 길을 택했고 / 그것이 모든 차이를 만들었구나" 하고 읊어서(남들이 덜 간 길을 택하는) 프런티어 정신을 예찬하고 있다. 이런 정신은 미국이 짧은 기간에 세계 최강국으로 발전하는 데 일조했을 것이다.

▌ 자유민주주의 수호에 사활을 거는 프런티어

연방국가인 미국은 단일 민족국가 못지않은 단결력을 보여주고 있다. 이러한 단결력은 민주주의정신과 더불어 개척정신이 그 바탕을 이루고 있으며, 개척정신이 민주주의와 관련이 없어 보이지만 그렇지 않다. **개척정신의 밑바탕에는 넓은 미개척지를 먼저 개척하는 사람이 주인이 되는 기회의 균등이 깔려 있다.** 즉 기회는 노력의 양이며 노력하는 만큼 영토가 확장된다는 것이다. 미국은 건국 초기시절부터 개척정신을 토대로 민주주의를 이끌어 나갔고, 다른 어느 국가보다 민주주의에 대한 자부심이 강하였다. 가까운 예를 들어보자면, 미군은 한국전쟁에 참여하여 피를 흘리며 싸웠다. 이러한 행동은 민주주의가 위협받고 있었던 곳이라면 언제든 달려가서 지키겠다는 미국민들의 개척정신이 담겨져 있다.

▌ 자유가 위협받는 곳에서는 해결사 자처

미국은 제각기 다른 50여 개 주가 모여 하나의 나라를 이루기 때문에 서로 다른 목소리를 낼 소지가 많지만, 오히려 보라는 듯이 한 목소리를 내며 단합된 일면을 과시하고 있다. 이것은 **프런티어 정신의 핵심인 민주주의가 개별적인 특성과 다양성을 존중하면서도 조화와 합리성을 존중하기 때문이다.** 그래서 자유민주주의는 인류 역사상 가장 끝까지 생존할 훌륭한 이념이라고 하겠다.

아울러 자유민주주의를 위협하는 세력에게는 어떠한 희생을 치르더라도 끝까지 응전하는 것이 오늘의 미국을 세계 최강 국가로 만든 초석일 것이다. 미국인들은 자국민 한 사람의 전사를 이라크인 수천 명의 사망보다 훨씬 비통하게 생각한다. 미국의 세계 최강대국 군림은 자유수호를 위해 많은 피와 땀을 흘린 대가이다. 미국은 서부개척시대가 훨씬 지나간 뒤에도 누군가가 자신들이 개척해 놓은 땅을 탐내어 침략기회를 엿보는 세력은 없는지 경계를 강화하고 있다. **광활한 대륙을 개발하면서 모험 · 진취정신을 기르고 개척된 땅을 지키면서 자유 · 평화 수호정신을 배양하게 된다. 어쨌든 프런티어 정신은 세계 최강대국 미국을 있게 해준 정신적인 자산이라 하겠다.**

> 문무(文武)를 겸비하여야만 장수의 자격이 있으며 강과 약, 강과 유(柔)의 양면을 구비해야만 훌륭한 용병가(用兵家)라 할 수 있다. 이(理)란 많은 병사를 마치 적은 병사를 통솔하는 것 같이 대처하는 것이고, 비(備)란 문 밖에 한 발자국만 나가면 적이 있는 것같이 대처하는 것이고, 과(果)란 적과 싸울 때 이미 살아 남으려는 생각을 버리는 것이고, 계(戒)란 승리하고 나서도 처음 싸울 때 처럼 긴장을 풀지 않는 것이고, 약(約)이란 형식적인 명령이나 규칙을 생략하여 단순화하는 것이다.

† 외침에 굴하지 않았던 저항정신의 발로, 선비정신

Ⅰ 굶어죽어도 청빈하고 지조 있는 생활

"릇 자신을 돌보지 않고 오직 나라를 위하여 도모하며, 일을 당해서는 어려움과 걱정스러움을 헤아리지 않고 당당하고 꼿꼿함을 지녀야 한다."고 조선시대 가장 모범적인 선비라 할 수 있는 조광조는 선비가 지녀야 할 자세에 대해 말하였다. 또한, 임진왜란 당시 700인의 선비를 모아 왜군에 항전하다 죽음을 맞이한 조헌 선생은 **"우리 모두에게 다만 한번의 죽음이 있을 뿐이다. 죽고 살며 나아가고 물러남을 결정함에 있어 오직 의(義)자에 부끄러움이 없게 하라."**고 말하였다.

위 두 분의 말씀 속에서 조선시대 선비들이 지향해온 정신자세를 알 수 있다. 좀더 설명하자면 선비란 청렴결백하고 지조를 중시하는 사람, 어떤 처지에서도 품위를 잃지 않는 도고한 정신을 지닌 사람, 세속에 물들지 않고 늘 학문을 가까이 하는 사람을 일컬으며, **선비정**

신이란 의리를 지키고 절개를 중
히 여기는 도덕적 정신을 말한다.

조선시대 선비는 높은 학식과
품행을 갖춘 지식인 계층으로서
과거에 응할 자격이 실질적으로
그들에게만 주어졌으며, 군역면제
등의 여러 가지 특권을 영위하였
다. 반면에 그들에게는 반드시 지켜야 할 행동규범이 존재하였다. 끊
임없이 독서를 하여 성리학을 꽃피워야했으며 극심하게 가난하더라도,
어려움을 겪더라도 시조를 짓고 백자를 사랑하며 수묵화를 즐겨 그려
야 했다. 또한 조상에 대한 예를 철저히 행하고 타의 모범이 되도록
매사 행동에 신중을 기하였다. **조선시대 선비들의 최대 목표는 공의
(公義)의 실현이었으며, 인격이 높은 선비일수록 벼슬에 연연하지 않
고 산림에 묻혀 덕행을 쌓는 것을 본분으로 삼았다.**

**선비의 행동규범 가운데서 가장 어렵고도 반드시 지키도록 강요된
것은 지조정신이다.** 끼니를 때우기 어려울 정도로 가난해도 천하게 행
동해서는 안 되며 대의(大義)를 위해서는 언제라도 목숨을 내던질 각
오가 되어 있을지언정 자신과 자손에게 욕된 일을 할 수 없었다.

▌ 대의(大義)를 위한 개인의 안위를 개의치 않아

우리의 전통 사상인 선비사상이 우리에게 준 영향을 살펴보면 다음

과 같다.

선비문화가 남긴 역사적 의의를 살펴보면, 국가에 대한 충성심을 표현하기 위한 학구적인 태도와 높은 교육열은 문맹퇴치 등 학문 발달에 기여하였고, 실학사상과 이어지면서 우리의 근대적 사상을 발달시켜나갔다. 비록 이들은 중앙의 높은 벼슬을 독점하는 관료는 아니더라도 지방에서 도를 닦고 문학을 하는 사람들이었다. 벼슬 자체에 높은 가치를 부여하지 않았고 벼슬을 탐내면 진정한 선비로 보지 않았다. 무엇보다도 선비문화가 우리에게 남긴 가장 큰 선물은 정신사조에 있으며, 그중에서도 선비들이 지니고 있던 '지조'야말로 우리가 본받아야 할 긍정적이고 본질적인 요소라 생각된다.

선비들은 국가가 위기 상황에 닥쳤을 때 대의를 위해서는 일신의 안위(安危)를 개의치 않았다. 당시 사관들이 목이 달아날 처지에도 말해야 할 것을 말한 죄로 극형에 처해진 예는 헤아릴 수 없을 정도로 많았으며, 외침을 당하여 국가가 위기에 처해 있을 때는 의병을 일으켜 활약한 이들도 단연 선비들이었다. 임진왜란 당시와 구한말 외침시 등, 목숨을 버려야 할 때 깨끗이 자기를 버린 선비들의 의연한 결의는 국가에 대한 충성심과 대의를 위한 지조에서 말미암은 것이며, 선비들의 살신적인 희생정신이 면밀하게 이어져 오늘의 대한민국을 있게 한 것이다.

▮ 선비가 추구하는 삶의 자세

선비는 돈보다는 인격을 중히 여기고, 명예를 숭상하며, 물질에 대한 탐욕보다는 학식의 부유함을 추구하며, 의(義가) 아니면 머물지 아니하였다.

선비는 가난해도 뜻을 버리지 않고 부귀해도 교만하지 않는다. 군왕을 욕되게 아니하고 웃어른에게 누를 끼치지 않는다. 어떤 어려움이 있더라도 자기 일은 자기가 책임지며 남에게 전가하지 않고 비굴함이 없이 당당하게 서있는 자, 이를 선비라 한다.

이처럼 선비는 일신의 영달이나 물질적 가치를 추구하기보다는 국가와 민족을 먼저 생각하고, 그것을 실천에 옮겼다. 물질 만능적이고 개인의 이기심이 앞서는 오늘날에도 전통적인 선비정신을 일깨우고 본받아 실천할 필요성이 절박하다 하겠다.

▮ 국가 위기 시마다 생명선이 되어준 선비정신

앞서 살펴본 바와 같이 역사적으로 선비가 가장 강하게 자신의 입장을 드러내는 것은 **의리(義理)정신**이다. 이민족의 침략을 당할 때 침략자를 불의한 집단으로 규정하여 의리에 따라 항거하려는 태도를 보인다.

임진왜란 당시 선비들은 의병(義兵)을 모아 왜군에 항전하였는데,

이것은 왜군의 침입을 의(義)에 반(反)하는 것으로 보고 침략자들을 불의한 집단으로 규정하여 의리에 따라 항거하였다. 대표적 사례로 조헌(趙憲)은 임진왜란 때 700명의 선비들을 모아서 의병을 일으켜 금산싸움에 임하여, '선비로서 의(義)에 부끄럽지 않도록 하자'고 말하고 모두 함께 죽음을 맞아 칠백의사총(七百義士塚)에 묻혔다.

병자호란 때에도 마지막까지 화친과 항복을 거부한 '척화론(斥和論)'은 선비 의리정신을 보여주는 또 하나의 사례이다. 위정척사파의 선비들은 전통사상에 위배되는 모든 사상을 거부하여 도학의 전통성을 수호하고자 했으며, 서양의 침략을 오랑캐라 하여 거부하였다. 척화학자 홍익한(洪翼漢)은 중국 청태종의 심문을 받을 때에도 "내가 지키는 것은 대의(大義)일 따름이니 성패와 존망은 논할

〈조헌〉

것이 없다."고 대답하며 굴복하지 않다가 끝내 순절하였다. 이들이 나라가 위기에 처할 때 생명을 버리면서도 항거할 수 있었던 것은, 그것이 정의를 실현하기 위한 길이라는 신념을 지녔기 때문이다. 세조의 왕권찬탈에 분개했던 사육신과 생육신 등도 세속의 이익에 좌우되지 않고 명분과 의리를 중시하여 행동으로 실천한 선비정신에 뿌리를 두고 있다. 시대는 달랐지만 고려 말 '이 몸이 죽고 죽어 백골이 진토되어도 임 향한 마음이 변하지 않는다.'는 정몽주는 조선시대 선비정신을 앞서 실천한 인물이라 하겠다.

뿐만 아니라 6·25전쟁 당시, **수많은 호국 영령들이 조국을 지키려**

다 자신의 목숨을 초개와 같이 버리고 장렬하게 산화할 수 있었던 것도 '의리'를 숭상하는 선비들의 자랑스러운 후손이었기에 가능했었음을 주지해야 한다. 또한 조선 선비들의 선비정신이 조선 역사를 타락과 부패에 머물러 있지 않게 하고, 반성을 주고 비판을 가해서 5백 년 동안이나 지켜준 초석이었음을 알아야 할 것이며, 앞으로 미래가 바뀌어도 선비정신은 한국인의 가슴속에 살아 숨쉬면서 밝은 미래사회로 가기 위한 이정표 역할을 수행할 것이다.

장군은 지혜(知慧)·신의(信義)·인애(仁愛)·용기(勇氣)·엄정(嚴正)을 갖추어야 한다. 지혜가 있어야 전략을 수립할 수 있고, 신의가 있어야 상벌(賞罰)을 공정히 할 수 있으며, 인애가 있어야 아랫사람을 사랑할 수 있고, 용기가 있어야 과단성 있게 싸울 수 있으며, 엄정을 갖추어야 장수의 위치에 임할 수 있다.

† 숱한 외침에도 굳건하게 버티게 해준 상무정신

▌ 위기에 처할수록 더욱 빛을 발하는 고구려인의 상무정신

고 구려인들은 남녀가 결혼하면 맨 먼저 자신이 죽을 때 입을 수의를 만들어 놓는다."고 중국의 역사서 위지동이전은 전하고 있다. 고구려의 이러한 특이한 풍습은 잦은 이민족의 침략으로 인해 언제 어디서 죽음을 맞이하게 될지 모를 정도로 긴박한 상황 속에서 생활했고, **나라를 지키기 위해 싸우다 의연하게 죽을 각오가 항시 되어 있다는 진취적 상무정신**을 말해주고 있다. 광활한 대륙을 호령하던 초강대국 고구려의 힘은 강인한 전사를 만들기 위해 평소 교육과

〈광개토대왕릉비〉

훈련에 심혈을 기울였던 상무정신에서 비롯되었다고 할 수 있다.

우리 민족은 5천여 년의 역사 속에 930여 회의 외침을 받아왔다. 그 중 고려시대 이후 지금까지 1천여 년 동안 거란의 3차 침입, 몽골의 7차 침입, 임진왜란, 정유재란, 병자호란, 청·일 전쟁, 태평양전쟁, 6·25남침전쟁 등 민족생사가 달린 큰 외침만 30여 회 겪었지만 유구한 역사와 전통을 면면히 이어올 수 있었던 것은 불의한 침략에 항거하여 기필코 나라를 지켜내는 선조들의 민족혼과 얼이 살아 있었기 때문이다. 즉 **외침에 직면하면 일신의 안위를 돌보지 않고 불굴의 저항의지와 호국정신으로 충만한 상무정신이 존재했기에 결코 멸망하지 않고 당당한 민족국가의 일원으로 국가의 안전과 국민의 생명을 유지하면서 세계사에 자랑스럽게 설 수 있었다.**

상무정신이란 자신과 가족, 나아가 조국을 스스로의 힘으로 지키겠다는 자위정신이다. 외침을 항시 대비하기 위해 진취적 기상을 기르고 교육훈련으로 고난과 역경하에서 자기희생을 감수하면서도 살아남을 수 있는 저력을 배양하는 것을 말한다. 이러한 상무정신이 기초가 되었을 때 비로소 국방력이 강하였고, 어떠한 외침도 극복할 수 있었다. 우리의 역사를 통해서도 고구려인들은 상무정신을 생활화하여 수나라 백만 대군을 살수대첩으로 궤멸시켰으며, 당태종의 30만 대군을 안시성에서 물리칠 수 있었다.

그래서 고구려인들은 '하늘의 자손'이라는 강한 선민의식을 바탕으로 고구려가 세상의 중심임을 표방하는 엄청난 민족의식을 가지고 있었다.

▌ 살수대첩의 신화를 창조한 상무정신

역사적으로 우리는 '백의민족' 이라 불릴 정도로 평화를 사랑하는 민족이다. 그러나 적으로부터 침략을 받게 되면 강한 응집력으로 거세게 저항, 조국을 지켜냄으로써 반만 년의 역사를 면밀히 이어오고 있다.

우리 군의 정신적 뿌리를 이야기할 때면 고구려를 빼놓을 수 없는데, **고구려는 우리 민족**

〈살수대첩〉

초유의 막강한 상무정신을 가진 대국의 면모를 여실히 보여주었다. 고구려는 시조인 주몽의 건국신화부터 상무적 기상을 보이고 있으며 정복전쟁을 통해 나라를 세운 고구려인은 전투적인 성격이 강했고 그에 따라 강한 군사력을 갖추게 되었다. 이러한 고구려인의 상무정신과 강인한 기상, 그리고 패기를 대표하는 인물이 살수대첩의 영웅, 을지문덕 장군이다. 서기 612년 수나라의 113만 대군이 고구려로 침공해왔다. 수나라 군대가 을지문덕 장군의 작전에 말려 지칠 대로 지친 몸으로 평양성 가까이까지 쳐들어왔을 때, 을지문덕 장군은 적장의 어리석음을 비꼬는 시를 써서 보냈다. 수나라 장군은 을지문덕의 시를 보고서야 속았음을 깨닫고 분통을 터뜨렸으며 이에 분개, 고구려를 몰락시키기 위해 막무가내로 수나라 군대를 청천강을 건너게 하고 있을 때 을지문덕 장군은 미리 막아두었던 보를 터뜨려 수나라 군대를 거의 전멸시켰다. 이때 목숨을 건져 도망간 수나라 군사는 겨우 2,700여 명밖에 되지 않았다고 한다. 이 싸움이 그 유명한 살수대첩이다. 우리 민족이 치른 대외전쟁 중에서 살수대첩은 을지문덕 장군의 신묘한 용병술과 그의 지휘에 따라 용감히 싸운 고구려 장병들이 대륙세력을 물리친 민족적 승리였으며, 고구려의 위용을 동아시아에 떨친 위대한 승리였다.

또한 고구려 광개토왕 때에는 역사상 가장 광활한 영역을 통치하였다. 중국 지린성 지안현에는 고구려 광개토왕릉비가 당시의 위용을 자랑하며 늠름하게 서 있다. 높이 639㎝, 손바닥만 한 1,775자의 글자가 새겨져 고구려의 수많은 비밀을 간직하고 있다. 비문에는 고구려의 태동과정, 왕위계승 사실, 광대한 국경정비에 관한 사항이 기록되어 있다.

고구려뿐만 아니라 상무정신을 논할 때 고려를 빼놓을 수는 없다. 고려는 고구려를 계승하고자 국호를 '고려'로 정하고 민족통일과 함께 옛 고구려의 영광을 재현한다는 웅대한 목표로 북진정책을 추진하였다. 3차에 걸친 거란의 침입에도 굴하지 않고 격퇴시킨 점이나, 몽골과 7차에 걸친 피나는 항쟁은 우리 겨레가 얼마나 강인한 민족인가를 실증하는 것으로 **상무적 기질을 타고난 고려인의 끈질긴 저항의식**이 살아 있었기 때문에 가능하였다.

▌ 상무정신이 국가의 운명을 좌우한다

사자나 독수리가 자기 새끼를 낭떠러지에서 떨어뜨려 죽지 않고 살아서 기어 올라온 새끼만을 기른다고 한다. 이것은 환경에 굴하지 않고 **살아남으려는 의지가 강한 자**, 유사시를 대비하여 **평상시에 항상 전투기량을 연마하고 철저하게 대비하는** 자만이 살아남아 역사의 주체가 된다고 하겠다.

어느 나라를 막론하고 국민 개개인의 상무정신이 강했을 때는 국가가 흥성하였지만, 상무정신이 해이해졌을 때는 국력이 쇠약해지고 영원히 역사 속에서 사라지는 경우가 많았다.

상무정신을 고양해 강력한 국가를 건설한 나라로 이스라엘을 들 수 있다. 이스라엘의 상무정신은 시오니즘에 기초한 민족정신, 국가·민족에 대한 변함없는 충성심, 생존에 대한 강한 책임감이다. 그 결과 세계 도처에서 2,000년 동안 유랑했음에도 불구하고 오늘의 이스라엘을 건설할 수 있었던 것이다.

스위스 역시 투철한 상무정신으로 무장한 나라다. 스위스는 영세중립국이지만 주변 군사 강대국의 틈바구니에서 생존하기 위해 국방에 대비하는 상무정신이 어떤 나라보다 투철하다. 평시 스위스 정규군은 약 3,500명에 불과하지만 우수한 동원 능력으로 48시간 이내에 110만 명의 동원이 가능한 세계 최고 수준의 동원태세를 갖추고 있다.

위의 예에서 보는 바와 같이 **상무정신을 바탕으로 강력한 힘을 가진 민족은 역사의 주인이 되고 힘없는 민족은 역사의 제물이 된다는 만고불변의 진리를** 다시 한 번 깨달아야 하겠다.

† 유럽 상류층 희생정신의 뿌리, 노블리스 오블리제

✗ 귀족으로 대접받으려면 의무를 다해야

귀족으로 정당하게 대접받기 위해서는 **'명예만큼의 의무'**를 다해야 한다. 이 말은 노블리스(명예)와 오블리제(의무)를 가장 함축적으로 설명해주는 말이며, 명예를 지키기 위해서는 살을 깎는 자기희생이 먼저 선행되어야 함을 말한다. 이와 같은 **노블리스 오블리제 정신의 뿌리는 로마의 귀족들이 북아프리카 카르타고와의**

출처: 네이버

〈노블리스 오블리제〉

포에니 전쟁에서 잘 보여주었다. 로마의 귀족들은 평민보다 앞서 의무를 감당하고 절제된 행동으로 사회의 본보기가 되었다. 전쟁세를 신설하여 재산이 많은 원로원 위원들이 더 많은 세금을 냈고, 국고가 바닥나자 전시국채를 발행, 귀족층이 전원 구입토록 하여 평민들의 부담을 없앴다. 뿐만 아니라 자발적으로 전쟁터에 참가하여 나라를 위해 기꺼이 목숨을 바쳤다. 이를 지켜본 평민들도 앞 다투어 나라를 위해 헌신하였다. 그 결과 로마는 카르타고를 정복하고 마케도니아와 그리스를 정복, 세계적인 대국을 이루었다.

지도층들의 사회적 책임과 국가에 대한 봉사를 영예로 여기는 불문율, 노블리스 오블리제(Noblesse oblige)는 프랑스어로서 '가진 자의 도덕적 의무'를 의미하며 높은 신분과 명예에 뒤따르는 도덕적 의무를 선행해야 한다고 말하고 있다. 이 말은 초기 로마시대에 왕과 귀족들이 보여준 투철한 도덕의식과 솔선수범하는 공공정신에서 비롯되었으며, 오늘날 유럽사회 상류층의 의식과 행동을 지탱해온 근간이며 유럽에서 귀족가문의 가훈인 셈이다. 전쟁이 나면 귀족들이 위험을 무릅쓰고 싸움터에 앞장서는 기사도 정신도 노블리스 오블리제에 바탕을 두고 있다.

Ⅰ 세계 명장들과 재벌이 보여주는 노블리스 오블리제

초기 로마사회에서는 노블리스 오블리제 정신에 의해 위험한 전쟁에 참전하는 것을 명예롭게 여기고 사회 고위층의 공공봉사와 기부·

헌납 등의 전통이 강하였다. 이러한 행위는 의무인 동시에 명예로 인식되면서 자발적이고 경쟁적으로 이루어졌다. 귀족 고위층이 전쟁에 참여하는 전통은 확고하였다. 한니발이 카르타고와 벌인 제2차 포에니 전쟁에서 최고 지도자인 콘술(집정관)의 전사자 수만 해도 13명에 이르렀다고 한다.

로마 건국 이후 500년 동안 원로원에서 귀족이 차지하는 비중이 15분의 1로 급격히 줄어든 것도 계속되는 전투 속에서 귀족들이 많이 희생되었기 때문인 것으로 알려져 있다. 이러한 귀족층의 솔선수범과 희생에 힘입어 로마는 고대 세계의 맹주로 자리할 수 있었으나, 권력이 개인에게 집중되고 도덕적으로 해이해지면서 급속히 쇠퇴한 것으로 역사학자들은 평가하고 있다.

근대와 현대에 이르러서도 서양의 노블리스 오블리제의 전통은 끊이지 않았다. 영국의 지도층 자제가 입학하는 이튼 칼리지 졸업생 가운데 무려 2,000여 명이 1, 2차 세계대전에서 목숨을 잃었고 엘리자베스 여왕의 차남 앤드루 왕자는 포클랜드 전쟁 당시 위험한 전투헬기 조종사로 참전하기도 하였다. 6 · 25전쟁 때에도 미군장성의 아들 142명이 참전해 그중 35명이 목숨을 잃거나 부상을 입었다. 아이젠하워 대통령의 아들도 육군 소령으로 참전했다. 철강왕 카네기, 석유재벌 록펠러, 빌게이츠에 이르기까지 미국 부자들의 자선기부문화가 발달된 것도 이런 노블리스 오블리제 정신을 물려받은 것이며, 도덕적 의무를 다하려는 지도층의 솔선수범 자세는 국민을 결집시키는 원동력이 되었다.

⊺ 노블리스 오블리제와 사회지도층의 도덕성 확립

서양에서 귀족으로 대우받으려면 의무를 다해야 하는 것같이, 사회지도층은 도덕성이 확립되어 있어야 한다. 만일 사회지도층이 도덕적으로 깨끗하지 못하면 나라가 부패하고 문란해진다. 그래서 **서양에서는 노블리스 오블리제에 해당하는 지도층의 도덕성 확립을 중요시한다. 즉 사회지도층은 직위가 올라갈수록 엄한 내적 도덕성을 요구받게 되는 것이다.**

우리나라 일부 사회 기득권층 가운데 1천여 명이 자녀의 병역면제를 위해 국적포기라는 절차를 밟음으로써 사회지도층의 도덕적 의무가 이슈로 되었다. 이들은 지식층, 상류층으로 대접을 받으면서도 신성한 국방의무를 회피하려 했던 것이다. 그들이 한국사회를 주도하는 진정한 상류층이기를 원한다면, 유럽의 귀족층이 높은 신분을 보장받기 위해 도덕적 의무를 다했던 것처럼, 자신들의 자녀들이 신성한 국방의 의무를 다할 수 있도록 독려해야 할 것이다.

로마시대 귀족이 상위계층으로서 존경받은 것은 비단 외형적인 엄정함 때문만이 아니라, 국가가 위기에 처해 있을 때 살신성인의 자세로 목숨을 바쳐 나라를 지켰기 때문이다. 즉 공익을 위해 자기희생을 하지 않으면 귀족으로 대접받을 수 없을 정도로 귀족으로서 높은 도덕적 의무를 이행해야 한다는 것을 반증해 준다.

노블리스 오블리제는 오염되어 가는 사회를 순화시켜주는 기능뿐만 아니라 국가에 헌신하는 것을 영광스럽게 생각하게 하고 공공봉사, 기

부, 헌납 등의 다양한 모습으로 오늘날 우리 곁에서 함께 호흡하고 있다. 사회적 지위와 명성이 높아갈수록 진정한 노블리스 오블리제 정신을 가슴에 되새겨야 하겠다.

> 에너지를 강력히 발휘하기 위해서는 정신적 동기가 필요하다. 그것은 전투에 있어서는 곧 명예심인 것이다. 지금까지 명예심이 없는 훌륭한 지휘관은 없었다.
>
> — 클라우제비츠 —

† 강한 전사만이 살아남는 스파르타식 교육

▌ 출생부터 죽을 때까지 적자생존

어미 사자가 새끼들을 절벽 아래로 떨어뜨려, 살아남는 강한 새끼만을 키우면서 야생에서의 생존법을 가르치듯이 스파르타 사회도 적자생존에 의해 강한 자만이 살아남게 하였다. 스파르타에서 태어난 아기는 탄생에 대한 축하를 받기에 앞서 생사를 판단하는 테스트를 거쳐야 했다. 아기의 건강유무를 원로가 살펴보고 건강하면 부모에게 돌려주고 병약하면 부모의 의견과는 무관하게 산속 동굴에 버렸다고 한다. 이것은 비정하기보다는 강한 군대를 만들기 위한 사회적인 합의에 의한 것이다. 한마디로 건강하게 태어나지 못한 사람은 사회로의 첫발도 내딛지 못하게 되며, 강한 훈련을 극복하는 자만이 생존하게 하였다.

스파르타는 강력한 국가를 만들기 위해 전 국민을 어떠한 전장 환경하에서도 살아남을 수 있도록 훈련시켰다. 이렇게 철저한 스파르타식 훈련을 통해 양성된 전사들이 고대 그리스 도시국가 아테네를 물리치고 펠로폰네소스 전쟁에서 승리하는 원동력이 되었다.

▮ 공익을 위해 개인적 자유 희생

탄생의 생존경쟁에서 살아남은 남자는 7세부터 부모 곁을 떠나 집단생활을 하면서 엄격한 기강 확립, 기아와 고통에 대한 인내심 배양, 어떠한 전투라도 반드시 이길 수 있는 인간으로 육성하였으며 18세까지 국가가 마련한 공동교육소에 수용되어 엄격한 훈련을 받았다. 나약한 신체는 전장에서의 죽음과 동의어로 여기고 격렬한 격투기 훈련을 즐겼으며 전쟁을 연상하는 전쟁무를 익히게 하였다. 또한, 스파르타에서 교육은 기초적인 문서작성과 셈을 제외한 체육과 교련이 전부였으며 수사학은 말장난에 불과한 것으로 보았다. 소녀들은 남자와 비슷한 육체 훈련을 받았는데, 이유는 체력을 길러 건강한 아이를 낳게 하기 위한 것이다. 심지어는 허름한 한 겹의 옷에 부족하게 식량을 줘 스스로 먹을 것을 보충하게 하고 훔쳐 먹는 것을 허용시켜 극단적 상황하에서도 생존능력을 키우려 하였다. 청소년 교육을 마친 19세부터는 전투부대에 편성되고 24세부터 29세까지는 최정예 선봉부대원으로 전투에 나서고 30세가 되면 가정을 꾸미며, 60세까지 징집대상이다.

스파르타의 시민교육은 적의 반란을 물리치기 위해 군사교육을 가장 중요시하고 있으며, 엄한 군사훈련을 통해 강한 군인으로 양성하고 있다. 그러기 위해서 개인의 자유보다는 통제된 사회의 맞춤식 교육이 일생을 따라 다닌다. 스파르타는 사회적 합의에 의해 개인의 자유나 개성을 통제하고 오직 국가안보를 지킬 전사들을 육성하는 데 주된 목표를 두었다. 한마디로 공익을 위해 개인은 희생을 감수해야 했다.

❚ 귀족계급의 중심의 시민사회 (생략가능)

스파르타 시민은 라코니아를 정복하면서 들어온 도리아인 핵심세력의 후예들이다. 자기 스스로들을 평등한, 동등한 의미의 '호모이오이'라고 부른다. 스파르타 사회에서는 시민계급 자체가 귀족이며, 비옥한 토지를 소유하고 강력한 군사력으로 무장하여 국가를 지키고 정치권력을 장악하였다. 노예를 '헤일로타이'라고 불렀는데, 이들은 스파르타인들이 쳐들어가 정복한 라코니아지역 원주민들로서 경작이나 경제활동을 담당하였다. 모든 노예는 스파르타 국가의 소유로 시민 개개인이 노예를

〈스파르타군의 벽화〉

소유하지 못하였다. 귀족과 노예 외에 상업에 종사하는 사람들을 "주변부 사람들" 뜻을 가진 자유민을 '페이오이코이'라고 불렀다. 자유민들은 스파르타에 충성을 맹세한 뒤 나름대로 자유로이 정치체제를 구축

하고 상공업에 종사하였다. 소수의 스파르타 시민은 순수혈통을 보존하면서 사회 안정을 유지하기 위해서는 노예/상업계층을 통제할 수 있는 강한 군사력이 필요해서 꽉 짜여진 사회체제를 선택하였다.

❚ 강한 훈련으로 정신력 극대화

적자생존의 스파르타 사회가 우리에게 주는 교훈은 다음과 같다.

첫째, 생존 경쟁력을 강화시켜 강한 자만이 살아남게 만든다. 스파르타 사회는 탄생부터 성장, 군인이 될 때까지 강한 훈련에 버티는 자만이 살아남게 함으로써 전쟁에 참가해서도 적을 죽이지 않으면 자기가 죽어야 하는 절박함을 인식케 했다.

둘째, 공익을 위해 개인적 희생을 감내하게 한다. 개인의 개성과 자유보다는 공익이 우선시해야 하는 것이 스파르타 사회이다. 스파르타 사회가 펠로폰네소스 전쟁 등 여러 전쟁에서 승리할 수 있었던 것도 개인적인 이해보다는 공적인 것에 살신성인하는 자세를 견지했기 때문에 가능하였다.

셋째, 스파르타식 교육의 목적은 튼튼한 신체양성과 함께 생존능력을 강화하고자 하였다. 스파르타식 교육은 강인한 훈련과 부족한 식량으로 견디게 하는 등의 다양한 방식으로 자립심과 생존능력을 키워주었다. 다시 말해 스파르타 시민이 역경 속에서도 버티어 낼 수 있었던 것은 사회적 합의 결과에 의해 절제하고 통제받는 과정을 통해 생존하는 법을 익혀온 결과라 하겠다.

▮ 물질적 풍요가 정신적 해이로 귀결됨을 경계해야

최강의 군대를 유지하며 영원할 것 같던 스파르타도 쇠망의 날은 다가왔다. 스파르타는 B.C. 404년 펠로폰네소스 전쟁에서 아테네에 승리를 거두면서 스파르타 국력이 절정에 이르렀다. 그러나 아테네를 누르고 최고로 올라선 순간 스파르타는 기울기 시작했다. 각지에서 들어

오는 막대한 전리품은 검소하던 스파르타를 풍요의 혼란 속으로 몰아넣으면서 스파르타의 정신을 좀 먹었다. 스파르타처럼 극도로 경직된 사회에서 새로운 사조는 혼란을 의미한다. 새 사회분위기를 수용할 제도적, 문화적 역량이 없기 때문에 사회는 급속한 혼란에 빠지고 점차 붕괴된다. 통제가 자유나 개성보다 단기적으로 앞서는 것 같지만 장기적으로 불리하다는 것을 스파르타 사회를 통해 배우게 된다.

〈스파르타군의 모습〉

지휘관의 진가(眞價)가 평가되고 증명되는 것은 역경(逆境)에 처해 있을 때다. 참된 지휘관은 역경에 처해도 패배하지 않고, 불리한 처지를 만회(挽回)하고 다시 도전하여 끝내 승리를 쟁취(爭取)하는 자다.
— 맥아더 —

Theme Ⅲ

국군 용사의 살신성인

† 송악산 고지 탈환의 영웅, 육탄 10용사

♛ 인간폭탄이 되어 돌격 앞으로

" 1토치카부터 제10토치카까지 모두 폭파 완료했습니다." 인간폭탄이 되어 육탄돌격을 한다는 것은 그 누구도 쉽사리 결정할 수 없는 것으로 오직 위기에 처한 조국을 지켜내기 위해 자신을 기꺼이 버리겠다는 거룩한 희생이 전제되어 있다. 육탄 10용사들은 서부덕 이등상사의 "돌격 앞으로" 구호와 함께 전원이 동시에 인간 폭탄이 되어 장렬히 산화함으로써 살신성인의 귀감이 되고 있다.

〈육탄 10용사〉

이들이 적진의 토치카를 부수기 위해 자신의 몸을 희생하면서 지키려 한 것은 무엇이었던가를 생각해 보자.

1949년 4월 25일 북한군은 292고지(38선 남방 100m)에서 진지를 구축 중이던 아군에 대하여 갑자기 불법공격을 가하여 292고지를 점령하였다. 이에 한국군 제11연대는 총공격을 하였으나 지형적인 불리로 인하여 도저히 진격이 불가능하였다. 이런 난점을 타개하기 위해서는 북한군의 핵심 요새인 토치카를 파괴하여야만 했다.

서부덕 이등상사, 김종해, 윤승원, 박평서 일등병······ 1949년 5월 4일 불법점령 당한 개성 송악산 고지(292고지, 유엔고지, 비둘기고지)를 탈환하기 위해 수류탄 2발과 육탄공격용 81㎜포탄 1발씩 분배받아 토치카 안으로 포탄을 안은 채 쏟아지는 적의 포탄을 뚫고 뛰어들어 진지를 분쇄하고 산화한 용사들의 이름이다. 일명 육탄 10용사라고 일컫는다. 훗날 서부덕 이등상사는 소위로 나머지 이들은 상사로 추서되었다.

♛ 장렬히 산화한 고인들의 희생정신 기려

인간으로 태어나 인간폭탄이 되다니 기가 막힐 노릇이 아닌가? 그러나 위기에 처한 나라를 구하기 위한 불가피한 선택이었고 그래서 우리들은 이들을 전쟁영웅으로 칭하고 숭고한 정신을 영원히 기리고 있다. 육탄 10용사의 거룩한 희생정신이 우리에게 남겨준 교훈은 무엇인가 생각해 보자.

첫째, 육탄으로 적의 침략을 분쇄한 점이다. 육탄 10용사 현충비에 다음과 같이 새겨져 있다. '민족정기에 불타는 정열로 몸에 포탄을 지닌 채 적의 지하 참호 속에 뛰어들어 육탄혈전, 적진을 분쇄하고 옥으로 부서지니 멸공전사상 이룬 공과 그 용맹 널리 세계에 퍼지다.' 육탄

10용사가 나라를 위해 몸을 던져 적의 토치카를 날려버린 것은 단 하나밖에 없는 소중한 자신의 생명을 바쳐서라도 위기에 처한 조국을 반드시 지켜야 한다는 숭고한 사명감의 표현인 것이다.

둘째, 청사(靑史)에 길이 남을 위대한 죽음이었다. TV 속의 드라마나 영화를 통해서 다양한 죽음을 볼 수 있다. 연인이 사랑하는 사람을 위해 죽는 경우도 있고 위기에 처한 사람을 구해주다 죽는 의인도 있다. 이러한 죽음보다 더욱 값진 것은 군인이 국가를 위해 목숨을 바치는 것

〈육탄10용사 현충비〉

이다. 국가를 위한 죽음이 더욱 값진 이유는 연인이나 가족도 소중하지만 국가가 없으면 그 존재가치조차 없기 때문이다.

셋째, 특정 개인의 용맹성이 아닌, 10명의 용사가 한 팀이 되어 살신성인을 몸소 실천한 점이다. '난세에 영웅'이 난다고 말하는 것처럼 전쟁에서의 영웅은 개인의 투철한 신념에 의한 특출한 행동의 결과이지만 육탄 10용사는 부사관으로부터 일등병까지 다양한 계층이 함께 이룬 쾌거라고 할 수 있다. 특히, 이들이 돋보이는 것은 뻔히 죽음이 예견되는 작전이었음에도 불구하고 전원이 자진해서 지원했다는 점이다. 그리고 매년 5월 4일이면 추모사업을 국가보훈처, 참전유공자회, 재향군인회, 육군 전진부대 등 거국적인 차원에서 장렬히 산화한 고인들의 희생정신을 기리고 있으니 이들의 죽음이야말로 그 어떠한 죽음보다도

〈육탄 10용사들〉

값지고 후세만대에 길이 칭송받는 죽음이라고 하겠다.

넷째, 육탄 10용사의 거룩한 희생은 끝나지 않고 계속 이어지고 있다. 육군은 2001년부터 '육탄 10용사상'을 마련, 희생정신을 발휘하여 타의 귀감이 되거나 각종 교육훈련 및 부대 전투력 향상에 기여한 자, 왕성한 사기를 바탕으로 임무를 완벽하게 수행한 자, 현저한 공적으로 대내외로 군의 위상을 선양한 부사관을 대상으로 군단급 부대 단위로 1명씩 선발하여 표창함으로써 육탄 10용사는 계속해서 탄생, 영원히 살아 우리 곁에 숨쉬고 있다.

♛ 10용사의 육탄정신을 계승하자

'육탄 10용사'가 몸을 던져 적의 토치카를 없앰으로써 송악산 고지를 재탈환하는 결정적인 계기를 마련하였을 뿐만 아니라 자손만대에 **육탄 10용사의 거룩한 희생정신이 계승되어 전쟁에 출정하는 용사들의 가슴에 살신보국, 위국충정의 정신을 심어줄 수 있게 된 것을** 높게 평가할 수 있다.

† 서해교전에서 보여준 해군용사들의 위국충정

♛ 북한군의 선제공격에 의해 시작된 서해교전

"포
성과 총성이 귓전을 때렸다. 왼손이 불에 덴 듯 화끈하다. 피가 흐른다. 맞았구나. 감각이 없다. 총을 쏴야 하는데…… 정신을 차리고 보니 철판 방호벽에 지름 2㎝ 구멍이 뚫려 있었으며, 갑판에 불이 타오르고 있었다"고 서해교전에 참가했던 권기형 상병은 전했다. 당시 북한군의 공격에 왼쪽 손가락 5개가 뭉개지는 부상을 입은 권기형 상병은 "침착하자 물러서면 끝장이다" 생각을 되뇌며 물러서지 않고 끝까지 해상에서 전쟁을 치렀다. 권 상병은 산화한 윤영화 소령(정장)과 다리를 심하게 다친 이희완 중위(부정장)가 지휘하는 참수리 고속정에 탑승, 함교를 지키는 K2소총수 임무를 하고 있었다. **이처럼 서해교전에 직접 참가했던 해군 용사들은 북한 경비정의 기습적인 조준사격에 부상을 당하면서도 불굴의 군인정신을 발휘하여 끝까지 투혼을 보여줌으로써 해군의 명예를 지켜냈다.**

윤영하 소령
(해사50기)
73.11.24. 경기도 시흥 출생

한상국 중사
(부사관155기)
75. 1.31. 충남 보령 출생

조천형 중사
(병402기·부사관158기)
76. 4.16. 대전 출생

황도현 중사
(부사관183기)
80. 2.27. 서울 중랑구 상봉동 출생

서후원 중사
(부사관189기)
80.11.28. 경북 의성 출생

박동혁 병장
81. 7.25(음) 경기 안산시 출생

〈서해교전 전사 장병들〉

☗ 해상경계에 억지주장을 부리는 북한

6·25 전쟁의 막바지인 1953년 5월 27일 남북 간 정전협정 시에 남
북 간 육상경계선을 설정하였지만 해양경계선을 설정하지 못하였다.
당시 주한 유엔군 사령관 클라크는 1953년 8월 30일 서해도서에서 병
력을 철수하면서 향후 상호 충돌방지 위해 백령, 대청, 연평 등 서해

5개 도서를 포함한 바다의 경계선(NLL)을 설정 북한에 통보했다. 이에 북한은 이의를 제기하지 않고 묵시적으로 인정하였으나 1973년 돌연 문제 삼고 나왔으며, 서해 5개 도서는 유엔군 통제하에 있는 것을 인정하지만 이 도서주변 수역은 북한의 관할이기 때문에 자신들에게 사전승인을 받아 통행해야 한다고 억지주장을 벌였다.

♛ 해군장병들의 투혼은 만인에 귀감

서해교전이 우리에게 안겨다 주는 교훈은 다음과 같다.

첫째, 해군장병들이 보여준 투혼은 70만 국군 장병들에게 귀감이 되었다. 우리의 해군이 5단계 교전규칙을 단계별로 준수하고 있는 동안 적으로부터 기습적인 선제공격을 받아 몸이 찢기고 잘리는 상황하에서도 해군장병들은 살기 위해 갑판 뒤로 대피하지 않고 마지막 남은 총알 한 발까지 응사하는 투혼을 보이다가 순직하였다. 부상당한 참전 해군장병들은 이 시대의 진정한 전쟁영웅이다.

다시 말해 **서해교전 중에 전사한 장병들은 호국의 별로 국군 장병들의 가슴에 영원히 살아 있을 것이다.** 비록, 북한군의 기습적인 선제공격에 투혼을 발휘하여 응전하다 산화한 윤영화 소령, 한상국, 조천형, 황도현, 서후원 중사, 박동혁 병장 이들은 비록 운명을 달리했지만 국가가 위기에 처했을 때 몸을 던져 나라를 구한 수많은 호국 영령들과 함께 국민들의 가슴에 영원히 살아 숨쉴 것이다.

〈서해교전 전적비〉

둘째, 서해교전 시 육·해·공군은 합동 작전을 전개하여 국군의 막강한 위용을 과시하였다. 6·25전쟁으로 인한 총성이 멎은 이후, 오랜 휴전기간 동안 남과 북은 서로 대치해 왔으나, 서해교전은 비록 작은 규모의 전투였지만, 이를 통해 상대의 전력을 객관적으로 평가해볼 수 있었다. 인근에서 임무수행 중인 함정들과 서산 앞 바다에서 초계비행 중인 F-16 전투기도 즉각 임무 전환되어 현장에 투입되었고 대함미사일을 장착한 링스헬기도 출격태세에 들어갔으며 육군의 해안포도 일제히 전투 배치되는 등 각 군은 최선을 다해 제 역할을 수행함으로써 국군의 위용을 과시하였다.

셋째, 북한과의 교전에 있어서는 한 치의 방심도 허용하지 않으며, 교전규칙도 무시될 수 있음을 일깨워 주었다. 우리는 교육·훈련 받은 대로 단계별로 대응하는 동안 북한은 순식간에 교전규칙을 깨고 기습 사격을 해옴으로써 아군의 피해가 컸다. 따라서 서해교전은 북한이 언제 어디서든지 돌변할 수 있는 집단임을 일깨우는 계기가 되었다.

♛ 산화한 해군장병의 죽음을 헛되지 않게 해야

이처럼 서해교전은 70만 국군 장병들로 하여금 적과 대치해 있는 상황하에서 조금이라도 방심하면 목숨을 잃을 수 있다는 사실과 북한은 교전규칙조차도 일방적으로 무시하고 돌변, 기습공격을 감행할 수 있음을 보여주었다. 따라서 서해를 지키다 산화한 윤영하 소령 등 6명의 해군 장병들의 죽음이 헛되지 않도록 해상으로의 적의 침략을 철저하게 봉쇄해야 할 것이다.

특히, 교전 중 우리 해군 장병들이 보여준 불굴의 투혼과 정신력은 아무리 높게 평가하더라도 지나치지 않다. 적 포탄에 부상을 입은 상황하에서도 끝까지 병사들을 독려한 지휘관, 방아쇠에 손가락을 건 채 전사한 장병들, 손가락과 다리가 절단된 부상에도 **끝까지 전투에 임한 참수리호 장병들의 투혼은 진정한 참군인의 표상으로서 영원히 빛날 것이다.**

전쟁은 오직 신속히 처리해야 한다. 적이 미치지 못한 약점을 이용하고, 적이 미처 생각하지 못한 길을 공격하여, 적이 경계하지 않는 곳을 공격한다.

— 손자 —

† 6 · 25 전쟁에서 보여준 빨간 마후라의
살신성인

✠ 부귀영화를 탐하지 않고 의(義)를 위해 목숨 바치는 하늘의 사나이

"빨간 마후라는 하늘의 사나이 하늘의 사나이는 빨간 마후라
— 중략 —
구름 따라 흐른다 나도 흐른다 그까짓 부귀영화 무엇에 쓰랴"

영화 '빨간 마후라'는 공군 강릉기지 10전투비행장에 당시의 최
신 예기인 F-51 전투기가 투입된 파일럿의 애절한 사랑이야
기를 다루고 있다. 출격 나간 뒤 돌아오지 않는 선배 조종사의 미망인
을 위로하다 마침내 사랑하게 된다는 내용이다. 이 영화는 조국의 하
늘을 지키다 장렬하게 산화한 선배 전투조종사의 투혼과 활약상에 대
하여 추모의 정을 기리고 나아가 공군에 대한 인식을 새롭게 다지는
계기를 마련해 주었으며, 전쟁터에서는 끓어오르는 피와 같은 열정으
로 의롭고 용감하게 싸우다 언제라도 목숨을 던질 수 있어야 함을 일

깨워 주고 있다. 당대 최고의 감독 신상옥, 최고의 배우 신영균, 최무룡, 이대엽 등 초호화진의 출연으로 세간의 이목을 집중시켰다. 빨간 마후라는 1964년 명보극장에서 25만 명을 동원했고 제11회 아시아 영화제 감독상, 남우주연상, 편집상 등을 휩쓸었다. 국내뿐만 아니라 일본, 대만, 홍콩 등지에서도 크게 히트했다. 특히 이 영화의 주제가(한운사 작사, 황문평 작곡, 쟈니 브라더스 노래)는 가슴에 통쾌함과 함께 진한 감동의 파문을 일으켰고 젊은이들에게 용기와 자신감을 주는 노래이면서 애창곡으로 영화와 함께 국민들의 가슴속에 영원히 기억되고 있다. 그래서 **공군하면 빨간 마후라, 빨간 마후라라고 하면 공군을 연상되게 해준다.**

♛ 불타는 열정으로 용감하게 싸운 빨간 마후라

6·25전쟁 초기 북한 공군은 지상군이 공격한 후 6시간이 지나 IL-10 전투기가 김포와 여의도 비행장을 정찰하였고 4대의 YAK 전투기가 서울공착장, 통신소 등에 폭탄투하 하였고 5대의 적기가 김포, 여의도에 공습, 격납고와 활주로를 파괴하였다. 또한, 북한군의 인민항공대는 210대의 전투기를 보유하고 있었으나 미숙운영으로 공격다운 공격을 하지 못했다. 한편 한국 공군은 6·25동란 발발 시 L-4, L-5 등의 경비행기 몇 대와 국민성금으로 구입한 T-6 건국기 10대를 포함 훈련기 20여 대뿐 전투기는 단 한 대도 없었다. 따라서 T-6 건국기 및 L-형 항공기로써 적군의 남하를 최대한 저지할 것을 결정하였다.

당시 비행대장 이근석 대령은 T-6 건국기 10대를 3개 편대로 편성,

단장 직접 지휘하에 폭탄과 수류탄을 싣고 해주, 개성, 동두천으로 출격하였다. 남하하는 탱크와 인민군 대열을 저지하기 위해 힘겹게 공중전 임무를 수행하였으며, 북한군은 대공화기로 응사하였다.

다시 말해 우리 공군은 열세한 공군력으로 우세한 적과 싸우기 위해 자유를 수호하겠다는 신념 하나로 싸웠다. 불행히도 당시 우리가 보유했던 항공기는 MIG 전투기를 상대할 만

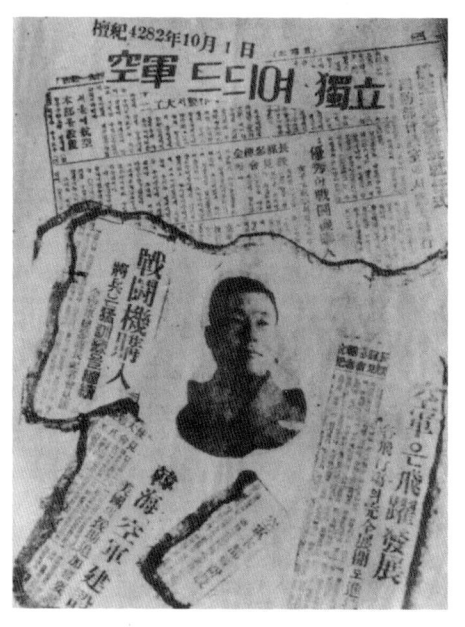

〈공군 창설〉

한 수준에도 미치지 못할 뿐 아니라 압록강 지역까지 도달하기도 어려울 정도로 행동반경이 짧아서 주로 근접지원과 전선 가까운 지역의 후방 차단 임무에만 지원될 수밖에 없었다.

그래서 이승만 대통령은 대미 긴급 요청을 하였고 공군력 지원 문제는 대부분 묵살되었으나 2차 세계대전 시 명성을 떨쳤던 F-51 무스탕 재래식 전투기 10대를 보급받아 휴전 시까지 129명의 조종사들이 8천7백여 회의 공중출격을 기록하였고 39명의 젊은 조종사들이 백회 이상의 출격을 기록하면서 혁혁한 전과를 거두었다.

♛ 창공신화의 주역, 불사조의 사나이들

열악한 환경을 극복하고 창공신화를 낳은 불사조의 사나이들이 여기에 있다.

〈1952년 무스탕기〉

먼저 유치곤 장군은 1951년 4월 10일 현지 임관 후 동년 10월 첫 출격으로부터 1953년 5월 1일까지 한국 공군 역사상 유일한 2백 회 출격기록을 돌파했다. 휴전회담 시까지에는 203회의 출격기록과 더불어 비행십자상 수훈을 비롯하여 충무 · 을지 · 금성 무공훈장 등 최고의 영예를 모두 차지했다. 유치곤 장군은 그의 별명 '산돼지'처럼 임전 시에는 저돌적으로 적을 제압했으며, 평시에는 작은 체구에도 불구하고 불가능한 것이 없을 정도로 패기가 넘치는 용장이었다. 유 장군의 공중전 전과 중에서 가장 빛나고 값진 전과는 평양 승호리(勝湖里) 철교 폭파이다. 미공군 전투기 36대가 출격했음에도 불구하고 폭파에 실패하였으나 유치곤 장군은 북한 지상군의 비 오듯 퍼붓는 대공포화의 집중적인 공격을 받으면서도 단 한 번 출격으로 폭파하였다. 이러한 유 장군의 탁월한 조종술에 대하여 유엔군은 물론 미국 대통령까지도 찬사를 아끼지 않음으로써 대한민국 공군의 위상을 크게 부각시켰다. 휴전 후에는 그의 영웅적 전과를 기리는 영화 "빨간 마후라"가 제작되어 빨간 마후라의 노래와 함께 그의 불사조적인 정신이 우리 공군의 맥을 이어가고 있다.

다음으로 이근석 장군은 한국전쟁 초기 1950년 7월 2일 10대의 T-6 건국기를 인수하여 한국 공군 최초로 전투비행편대를 지휘하였다. 즉 T-6 건국기에 폭탄과 수류탄을 싣고 해주, 개성, 동두천으로 출격하였다. 북한군은 개성을 점령하고 전차를 앞세워 남하하고 있었다. 이를 포착한 이근석 장군이 이끄는 T-6기는 저공으로 급강하, 후방석에 있는 관측사가 손으로 수류탄을 적의 전차와 차량에 투하하였다. 불의의 공격을 받은 북한군은 대공화기로 응사하였으며, 아군기는 대공포화 사이로 비행하면서 필사적인 공격을 감행하였는데, 이근석 장군의 비행기가 피탄되어 폭파 직전에 적 전차에 자폭함으로써 북한의 남하를 저지하였다.

끝으로 김영환 장군은 1948년 4월 통위부 정보 및 작전국장, 초대 제10전투비행단 단장 등을 역임했으며, 그는 조종사의 상징인 빨간 머플러를 처음으로 착용한 주인공이기도 하다. 6·25전쟁 중 해인사를 폭격하라는 명령을 받았으나 목숨을 걸고 불시착까지 감행하면서 이를 저지하여 국보인 해인사의 팔만대장경을 보존하였다는 일화를 남겼다.

이처럼 승호리 철교를 단 한 번 출격에 폭파한 유치곤 장군, 육탄으로 적 전차의 남하를 저지하다 산화한 이근석 장군, 해인사 국보를 보존한 김영환 장군의 헌신적인 희생정신이 있었기에 아군이 한국전에 있어서 제공권을 장악했음을 주지해야 할 것이다.

♛ 빨간 마후라의 유래

강릉기지 제10전투비행전대장 김영환 대령이 서울에 출장 왔다가 친형인 당시 공군 참모총장 김정렬 소장 댁을 방문하게 된다. 이때 김 대령은 흰색 마후라를 목에 두르고 있었는데 공군의 단독 작전이 시작된 1951년 10월 11일부터 하루도 빠지지 않고 매일 북한 상공을 출격하다 보니 기름과 땀에 배인 흰색 마후라는 수세미처럼 되어버렸다. 형수님이 새 마후라를 마련하려고 장롱을 뒤져보니 흰색천은 없고 붉은 비단천만 있어 할 수 없이 **붉은 비단 마후라를 목에 두르고 강릉 기지로 되돌아오니 주위의 반응이 좋아 며칠 안에 모두가 빨간 마후라를 두르게 되었고 이때부터 빨간 마후라가 공군 조종사의 상징으로** 되었다고 한다.

♛ 계승 발전되어야 할 빨간 마후라 정신

불타오른 정열로 대의(大義)를 위해서 언제라도 희생을 감수하겠다는 빨간 마후라 정신은 「필승 공군」을 위한 정신적인 기저로 삼아 계승 발전시켜야 할 것이다. 한국전쟁 시 전투기 한 대 없는 열악한 상황하에서도 이에 굴하지 않고 T-6 건국기, L-4,5 훈련기에다 폭탄과 수류탄을 실어 남하하고 있는 적의 탱크와 인민군 대열을 저지시켰으며 최고 203회 출격을 비롯한 39명의 조종사들이 100회 이상 출력, 제공권을 장악함으로써 적의 침략을 봉쇄할 수 있었다. 한국전쟁 당시 빨간 마후라의 불굴의 정신은 길이 기억되고 있다.

영화 '빨간 마후라'와 주제곡은 한 편의 영화, 애창가요라기보다는 공군을 연상시켜주는 상징적이고 기념비적인 명품에 가깝다. 대한민국이 존재하는 한 공군 최고의 영화요, 공군 최고 애창가요임이 분명하다. **불타는 정열의 사나이 빨간 마후라는 오늘도 불철주야 조국의 하늘을 지켜낼 것이다.** 이 생명 다할 때까지……

고난(苦難)에 대한 훈련이 없으면 전투 중에 연속적인 승리가 계속되더라도 병사는 그 승리에 대한 고난(苦難)을 저주(詛呪)하게 되며 그 전쟁 자체를 거부(拒否)하게 된다.(몰트케, H. Moltke: 1800~1891, 프러시아 원수, 군사전략가, 비스마르크, 론과 더불어 독일의 3걸)

† 귀신 잡는 무적 해병대의 신화

♕ 한번 해병은 영원한 해병

"누구나 해병이 될 수 있다면 나는 결코 해병대를 선택하지 않았을 것이다." 이 말은 귀신 잡는 해병의 구호이다. 하늘을 찌를 듯이 팔방으로 뻗친 모자, 진한 구리 빛 얼굴에 유난히 반짝이는 눈, 짧게 깎은 상륙돌격형 머리, 칼같이 주름잡힌 군복, 외모부터 귀신 잡는 해병은 남다르게 보인다. 유사시 적의 진영에 상륙하여 교두보를 확보하는 것이 주 임무이기에 강인한 체력 연마와 투철한 정신 무장이 필수이다. 그래서 해병대 훈련은 혹독하며 인간의 한계에 도전하게 한다.

이러한 고된 훈련 과정에도 불구하고 해병대 지원자는 늘 줄을 선다. 기수마다 경쟁률이 3.5∼10대 1까지 치솟고 심지어 열 번 이상 도전한 사람도 있다. 이것은 평범한 군생활을 싫어하는 신세대들의 취향과 맞아떨어지는 것도 하나의 이유라고 보고 있다.

이들은 '**전투에서 반드시 승리해야만 살아남는다.**'는 **해병혼**을 바탕으로 입대하는 순간부터 자부심과 명예심을 가지며 전역 후에도 영원한 해병으로 존재하기를 소망한다. 병역을 기피하려는 국적 포기자가 속출하는 요즈음 국방의 의무를 마쳤음에도 다시 해병대를 입대하는 열혈 해병이 있고 훈련 후 귀향심의위원들에게 매달려 꼭 합격을 부탁하며, '해병대 정신'을 배우고자 해병대 병영캠프에 입소

〈해병대 마크〉

를 희망하는 젊은이가 존재하는 한 해병대 신화창조는 계속될 것이다.

♛ 6·25전쟁을 통해 보여주었던 무적 해병의 신화는 계속된다

해병대(KMC:Korea Marine Corps)의 출발은 초라했다. 1949년 4월 15일, 해군에서 차출된 380명 병력이 경남 진해의 덕산 비행장 격납고에서 쓸쓸한 창설식을 했다. 일본군이 쓰던 구식 소총을 들고, 미 해군 수병이 건네준 중고 전투복을 입었다. 그러나 강인한 훈련은 해병대원들을 강병으로 만들었고 '불가능은 없다'는 해병대 정신은 그렇게 시작됐다. 6·25전쟁이 일어나기 전에는 진주·제주 등지에서 공비토벌작전에 육상부대로서 참가하였으며, 해병대가 본격적으로 이름을 떨치게 된 계기는 한국전쟁이었다. '4·3사태' 진압차 전 병력이 동원되는 바람에 제주도에서 6·25를 맞은 해병대는 군산·여수·마산 등지에 투입돼 큰 전과를 거두기 시작한다. 50년 8월 17일에는 해병대 김성은

부대가 경남 통영 장평리 해안에 기습 상륙해 북한군 대대병력을 전멸시키고 통영을 탈환했다. 한국군 최초의 단독 상륙작전이었다.

〈해병대 상징〉

'50년 8월 23일 해병대의 통영 상륙작전에 대한 취재차 방문한 미 『뉴욕 타임즈』기자 마거 히긴스는 해병대가 통영에서 거둔 전과처럼 기습적인 양동상륙 작전으로 상대적으로 우세한 적군(북괴군 7사단 600여 명)을 공격해서 적의 점령지를 탈환한 예는 일찍이 없었다는 사실을 높이 평가하였다. '귀신 잡는 해병대'의 표제 아래 취재 기사를 널리 보도하였는데, 이것이 '귀신 잡는 해병대'란 말의 씨를 뿌려놓은 계기가 되었다.

해병대는 이어 인천상륙작전에서도 혁혁한 승리를 거뒀다. 서울탈환작전에 투입된 해병대는 50년 9월 27일 인민군의 탄환이 쏟아지는 가운데 중앙청으로 돌진해 태극기를 게양했다. 미국의 트루먼 대통령은 서울 수복 뒤 '세인에게 알려지지 않은 숨은 공훈'이란 내용의 표창장을 해병대에 전달했다.

'51년 6월 4일부터 19일까지 난공불락이라 불리던 강원도 양구의 도솔산 일대 요새를 해병대 단독작전으로 모두 점령하자 이승만 대통령은 '무적해병'이라는 친필 휘호를 하사했다.

'한 번 해병은 영원한 해병'이란 표어는 한국전쟁 시 미 해병대가 사용한 'Once a Marine, Always a Marine'에서 유래한 것으로, 한국 해병대가 48여 년간 사용해 온 우리의 것이다. 이 표어는 해병대의 특성을 대변하는 상징 문구로서, 해병대의 일원으로서 자부심과 긍지, 명예심을 잊지 말라는 의미를 담는 것으로 이것 이상으로 해병대 의식구조를 대변할 수 있는 것은 없다. 1987년부터 '해병대 정신'의 표어로 사용되고 있는 이것은 현역·예비역은 물론 일반 국민들까지도 '해병대' 하면 가장 먼저 떠올리는 문구로서 애칭되고 있다.

해병대의 명성은 베트남에도 이어졌다. 67년 2월 14일 짜빈동전투에서 청룡부대 1개 중대가 월맹군 2개 연대를 백병전 끝에 격퇴하자, 세계 주요 언론이 한국 해병대를 '신화를 남긴 해병(Legendary Marines)'이라고 대서특필했다.

✠ 반드시 승리해야만 살아남는 해병대

해병대는 명예를 가장 소중히 여기며, 해병대에 입대하는 순간부터 자부심과 명예를 가지고 전역 후에도 영원한 해병으로 남기를 소망한다. 출신, 계급, 연령에 상관없이 해병대 조직 구성원으로서 맺어지는 끈끈한 관계는 바로 해병대 정신 속에서 형성되고 있다.

해병대는 바다라는 무의 상태에서 적진에 돌격을 감행하여 새로운 영토인 해안교두보 탈취·확보라는 유를 창출해내야 하므로, 해병대는 필히 개척정신을 가지고 있어야 한다. 이러한 **개척정신을 바탕으로 해병대는 현재를 극복해나가는 끈질긴 생명력을 함유**하고 있다. 그리고 해병대는 상륙전을 주 임무로 하므로 적 해안에 투입되어 적진에서 싸워야 하기 때문에 배수의 진으로 싸울 수밖에 없는 숙명적 환경에 처해진다. 따라서 '반드시 승리해야만 살아남는다.'라는 필승의 신념을 견지할 수밖에 없다.

각 군마다 필승의 신념으로 전투에 임하지만, 해병대만큼 생존에 직결되어 전투에 임하지는 않는다. **이순신 장군이 남긴 '필생즉사, 사필즉생'이란 말도 있듯이 배수의 진을 치고 싸운다면 반드시 승리할 것이라는 신념을 해병인들은 생활화**하고 있다.

최근 해병대 병 1,000기 300여 명은 천자봉 행군 등의 6주간의 힘든 훈련을 마치고 수료식을 거행하였으며 해병인들은 현역 때뿐만 아니라 전역 후에도 해병혼과 정신을 계승 발전시켜 사회발전에 기여하고 있다. 뿐만 아니라 하와이 등의 해외에서도 해병대 전우들의 활약상은 눈부시며, 외국인들은 해병대를 통해 한국의 진면목을 일깨운다고 입을 모은다. 이들의 군내에서, 사회에서, 해외에서의 활약이 계속되는 한 가장 성공한 군대 해병대의 신화창조는 앞으로도 계속될 것이다.

전쟁에서의 승리는 단지 많은 용기에만 달린 것이 아니다. 오직 기술(技術)과 훈련(訓練)만이 승리를 보장한다. 로마인이 세계를 정복한 것은 다름 아닌 부단한 군사훈련과 진중에서의 엄격한 법칙의 준수, 그리고 지칠 줄 모르는 새로운 전쟁기술의 개발에 기인(基因)한 것임을 알 수 있다(베제티우스, Vezetius)

† 공산침략에 분연히 일어선 학도의용군

♟ 조국수호를 위해 산화한 학도의용군

"어머니, 지금 제 옆에는 학우들이 적이 덤벼들 것을 기다리며 총을 들고 있습니다. 적병은 너무나 많으며 우리는 겨우 71명입니다. 어쩌면 오늘 죽을지도 모릅니다. 상추쌈이 먹고 싶습니다. 아! 놈들이 다가오고 있습니다."

책 대신 총을 메고 계급도 군번도 없이 이름 모를 깊은 계곡에서 초연히 산화해 간 호국학도의용대. 풍전등화의 위기에 처한 조국을 지키다가 죽는 것을 최대의 영광으로 삼았던 이들이 보여준 **살신성인의 거룩한 희생이 없었다면 현재 우리가 누리고 있는 자유는 물거품이 될 수 있었음을 결코 잊어서는 안 될 것이다.** 14~16세 안팎의 피 끓는 애국 학도들은 조국을 지키기 위한 성스러운 대열에 교복을 입은 채 참전하였다.

북한의 기습남침에 의해 시작된 6·25전쟁 당시, 아군은 절대적인 전투력 열세로 밀리고 밀려 낙동강에 최후의 방어선을 구축하였다. 이와 같은 위기에 처한 조국을 구하려다 숨져간 못다 핀 영혼들, 오로지 국가에 대한 충성심 하나로 목숨을 초개와 같이 버렸던 30여 만 학도의용군의 전과는 눈부

〈학도의용군의 모습〉

시기까지 하다. 또한, 학도병들의 거룩한 희생이 없었더라면 오늘날의 대한민국의 안위를 누가 보장해 주었겠는가?

♛ 학도의용군의 결성과 참전 결의

어린 학생들은 북한군이 기습남침하자 즉시 **"조국을 사랑하는 학도여! 조국의 운명은 여러분의 손에 달려 있다."**고 궐기하고, "위기에 처한 조국을 애국 학도들이 구하자."고 하면서 전국 학도들의 동참을 호소하였다.

최초 학도의용군의 결성은 북한군 남침 직후 각 학교의 학도호국단 학생들이 국방부 정훈국장 이선근 대령을 찾아가 참전 결의를 알리면서 시작되었다. 이들은 국방부 정훈국의 후원을 받아 학도의용군의 모체인 '비상학도대'를 발족시켜 신분증도 발부받아 최초 3개 소대로 편성되었으며, 학병(學兵)이라는 헝겊을 가슴에 붙이고 싸우다 죽는 것을 최대의 영광

으로 알았다. 최후의 방어선 전선에 배치된 이들의 용맹성은 북한군에게 크게 위협적인 존재였으며, 이들은 조국을 위해 장엄한 죽음을 선택했다고 기록되어 있다.

〈학도의용군〉

♛ 마지노선 사수에 커다란 공헌

학도의용군은 전쟁이 발발한 이후 휴전이 조인될 때까지 육·해·공군 및 유엔군에 예속되어 각종 전투에 참가하였으며, 특히, 낙동강 최후의 방어선을 지키기 위해 45일간의 피아 간 혈전을 거듭할 때 이들은 조국을 지키기 위해 자신의 목숨을 아끼지 않았다. **북한군은 UN군의 증원군이 오기 전에 부산까지 점령해야만 했고 아군 측은 UN지원군이 올 때까지 마지노선인 낙동강 전선을 사수해야만 하는 절박한 상황이었는데, 이때 학도의용군들은 커다란 역할을 하게 되었다.** 이들은 비상학도대, 서울 학도포병대, 삼사단 학도의용군, 북진포병대 등 다양한 이름으로 활동하였다. 휴전까지 약 5만여 명의 대원이 직접 전투에 참전하였고, 약 27만의 대원들이 치안활동, 가두전선, 후방선무공작 등을 통하여 군을 지원했으며, 그중 약 7천여 명이 꽃다운 나이로 조국을 위해 산화하였다. 국내 학생조직뿐만 아니라 재일교포 민단 학생들로 구성된 재일교포 학도의용군도 있었다. 중동전쟁이 발발하자 미국에 유학 온 이스라엘 대학생들이 참전함으로써 참애국심의 발로로 높게 평가되었듯이, 피 끓는 젊은 재일학도 650여 명도 편안한 일본에서의 학창생활을 버리고 학도의용군으로 참전, 용전분투하였다.

♛ 한국의 노블리스 오블리제

낙동강, 다부동, 영천, 포항 등 국군 최후의 교두보에서 북한군의 진격을 늦추거나 방어하는 데 큰 공을 세웠던 학도병들은 우리의 대표적인 지식층이었다. 오늘날의 대학생 수보다 전쟁 당시의 중학생 수가 훨씬 적었고, 초등학교 졸업생의 20%만이 중학교에 입학했을 정도로 중학교 입학은 지금의 대학에 입학하는 것보다 훨씬 어려웠다.

중학교를 졸업하면 취직이 보장되었다. 당시 국민학교 교사, 군·면 공무원의 약 50%를 넘는 수가 국민학교 졸업자였다. 이런 이유로 당시 중학생들은 자부심과 긍지가 대단해 강한 책임감을 가지고 있었고, 사회에 대한 봉사심이나 국가에 대한 충성심이 남달랐다. 이들은 낙동강전선, 인천상륙작전을 비롯하여 북진작전, 혜산진 전투, 흥남철수작전, 그리고 중동부전선 전투지역 등 거의 모든 전투지역에서 용감하게 전투를 수행하였다.

이들의 **살신호국정신은 공산세력의 침략을 맨주먹 붉은 피로 막아내겠다는 역사적 저항정신의 자발적 발로로써, 비록 군번과 계급장 없이 싸우기는 했지만, 애국심 발휘 면에서 그 무엇과도 견줄 수 없을**

정도로 숭고하다고 말할 수 있다.

☙ 학도의용군의 희생정신에 경의를 표해야

   학도의용군의 거룩한 희생정신에 삼가 머리 숙여 경의를 표하며, 만일 이들의 살신성인이 없었다면 대한민국의 존재는 이 지구상에서 사라졌을 수도 있었다. 당시 한국의 지식층이었던 학도의용군은 앞 다투어 6·25전쟁에 참전하여 용전분투함으로써 위기에 처한 조국을 구하는 계기가

〈학도의용군〉

되었다. 그래서 **학도의용군의 고귀한 희생정신을 한국의 노블리스 오블리제**라고 해도 손색이 없을 것이다.

   지휘관이 제일 먼저 고려하여야 할 것은 보급 문제이다. 보급이 없이는 군대가 용감할 수 없으며, 배가 고프면 아무리 위대한 장군일지라도 오랫동안 영웅이 되지 못할 것이다.

                                       — 프레데릭 대왕 —

† 월남전에서 자유 민주주의를 수호한 우리 군인들

♛ 진정한 군인 – 강재구 소령

월남전은 자유월남과 공산주의월맹과의 전쟁으로, 자유를 수호하기 위한다는 명분으로 참전한 미국 등의 자유진영의 국가들이 쓰러져가는 월남을 구하기 위하여 사력을 다했으나 자유월남은 결국 공산화가 되고 말았다. 우리나라도 자유진영에 속한 국가로서 월남의 자유와 공산화를 막기 위하여 참전하였다. 하지만, 안타깝게도 이 전쟁에 미국을 비롯한 자유진영의 많은 물자와 인력자원이 투입되었음에도 필승의지가 없는 월남

〈故 강재구〉

군은 통일에 대한 의지가 굳센 월맹군과의 전쟁에서 반드시 패한다는 사실을 입증시켜주었다. 하지만 우리나라 참전용사들은 많은 전쟁신화

를 창조하면서 용맹성을 전세계에 알리는 계기가 되었다.

월남전 참전용사들 가운데는 전공을 세워 칭송을 받는 사람들이 많은데 그중에서도, 살신성인의 거룩한 희생정신을 발휘하여 만인에 귀감이 된 강재구 소령을 우리는 기억해야 한다. 인천 출생으로 1960년 육군사관학교를 제16기생으로 졸업, 육군 소위로 임관되었다. 수도사단에 배속된 후, 전·후방 각 부대에 전속된 뒤 대위로 진급하였다. 1965년 한국군 1개 사단의 월남 파병이 결정되자, 자원하여 맹호부대 제1연대 제10중대장이 되었다. 1965년 10월 맹호부대 1연대 10중대는 파월을 앞두고 막바지훈련에 돌입하였다. 강재구 대위가 직접 지휘하는 10중대는 수류탄 실탄 투척훈련을 하고 있었다. **그런데 한 병사의 실수로 잘못 던진 수류탄 한 발이 중대원들이 모인 곳에 떨어지자 위기를 직감한 강재구 중대장이 "빨리 피하라!"라는 외침과 함께 자신의 몸을 날려 수류탄을 덮쳐서 부하들을 구하고 자신은 장렬한 순직을 하고 말았다. 부하를 구하기 위하여 자신을 희생시킨 故 강재구 소령은 보통사람이면 감히 따를 수 없는 살신성인(殺身成仁)을 온몸으로 실천한 것이다.** 이러한 희생정신을 받들어 월남의 하늘 아래 그의 이름을 딴 "재구대대"를 편성했다. 재구대대로 명명된 맹호1연대 3대대는 월남전에서 그의 이름을 빛내는 전과를 올렸으며, 그들이 평정한 마을의 이름을 "재구촌"이라고 부르고, 월남에서 가장 모범적인 부락으로 만들어서 故 강재구 소령의 거룩한 희생정신을 그곳에 심어 놓았다.

☙ 월남전에서 빛나는 살신성인을 보여준 군인들

강재구 소령 이외에도 살신성인의 자세를 보여준 군인이 여럿 있다. 먼저 이인호 소령이 있다. 1966년 8월 11일 청룡부대는 '투이호아' 일대에서 "해풍작전"을 실시하고 있었다. 당시 3대대 정보 장교였던 이인호 대위는 생포한 여자 베트콩이 제공한 정보에 의해 한 개 소대를 이끌고 베트콩이 숨어 있는 동굴을 수색하던 중 캄캄한 동굴 속으로부터 적의 수류탄이 날아 왔으나, 이것을 재빨리 주워 던져 베트콩 5명을 사살했다. 그러나 다시 날아온 또 하나의 수류탄을 처치할 겨를도 없이 폭발할 것을 직감하자 이인호 대위는 부하들에게 "모두 엎드려!"라고 함치며 터지는 수류탄 위에 자신의 몸을 덮쳐버렸다. **뒤따르던 부하들은 모두 무사했으나, 故 이인호 소령은 살신성인으로 자신을 희생시킨 것이다.**

위생병으로 월남전에 참전하여 불굴의 정신력으로 살신성인을 실천한 지덕칠 중사도 있다. 1967년 2월 1일 청룡부대가 실시한 "강구작전"에 위생하사관으로 참가하여 베트콩과 치열한 전투가 전개되자 자신도 직접 전투대열에 참가하여 자신은 두 차례 다리, 팔, 가슴 등 여덟 군데에 파편과 관통상을 입고도 달려드는 베트콩 20여 명을 사살하고 끝내 자신도 장렬한 전사를 하고 말았다. 이같이 초인적인 불멸의 전공을 세우고 숨진 故 지덕칠 중사의 감투정신을 높이 찬양하여 그의 영전에 태극 무공훈장을 추서하였다.

그리고 언제나 선두에 서서 싸움을 지휘하던 송서규 중령이 있다. 1967년 11월 6일 닌호아 북쪽 35㎞ 지점에 월맹군 2개 중대가 출현하였다는 보고를 접하고 백마사단 29연대 2대대장 송서규 중령은 이를 섬멸하기 위해 직접 병사들과 함께 출동하였다. 아군의 포위망 속에 들어 있는 적들의 심장부를 격파할 특공대를 편성하고 직접 진두지휘하며 돌입하다가 아깝게도 적의 흉탄에 맞아 장렬한 전사를 했다. 이 작전에서 2대대는 월맹군 169명을 사살하고 각종 화기 다수를 노획하는 큰 전과를 올렸다. 故 송서규 대령은 파월한 이후 불도저 5호 작전, 비마3호·5호 작전에서 혁혁한 전공을 세웠으며 부하를 사랑하는 마음과 감투정신은 항상 부대 장병들의 모범이었다.

이 밖에도 수많은 우리의 장병들이 머나먼 이국의 땅에서 자유민주주의를 수호하기 위하여, 땀과 핏방울을 흘렸다.

♛ 월남전에서 빛나는 살신성인을 보여준 군인들

강재구 소령, 이인호 소령, 지덕칠 중사, 송석규 중령 이 네 분은 짧은 삶을 살았지만, 굵은 삶이었고 또 값진 삶이었다. 강재구 소령의 경우, 두 번씩이나 부하들을 위해 수류탄에 뛰어들었던 그의 행동으로 미뤄볼 때, 그는 항상 희생을 준비하고 있었다고 하겠다. 비록 그의 희생이 자기 목숨을 요구하고 있었다는 것이라도 그것은 참다운 용기이며, 참군인의 모습이었다. 죽음마저도 불사하겠다는 각오는 보통 사람으로서는 결코 할 수 없는, 오직 진정한 용기를 갖고 있는 자만이 할 수 있는 일이기 때문이다. 부하를 대신해 자신을 산화했던 참군인 강재구의 삶을 비롯한 월남전을 빛낸 참전용사들의 용기와 희생정신은 우리의 숨결 속에 살아 숨쉬고 있다.

경계해야 할 살신성인

† 불나방식 죽음을 축복이라 여기는
알카에다의 자살폭탄테러

♣ 누구를 위한 자살폭탄테러인가?

성전(Jihad)에 나섰다가 전사하면 하늘나라에서 영웅으로 대접받을 것이다. 형제들이여 기회를 잡으라. 이라크 전쟁 당시 공보장관 알사하프의 말이다. 또한 이슬람 지도자들은 시민들에게 "성전(Jihad)을 통해서 순교할 경우 천당에 가고 수천 명의 아름다운 여인들이 시중든다"고 가르치거나 어린이들에게 "이스라엘인을 죽이기 위해 목숨을 내던지는 것은 훌륭한 일"이라고 교육시키는 등 "자살폭탄테러가 성스럽고 훌륭한 순교"라고 왜곡하고 있다.

자살폭탄테러의 상징인 9·11 테러. 여객기 한 대가 110층 높이의 세계무역센터 85층을 관통, 폭파되어 불길이 치솟는 장면은 TV를 시청하던 전세계 사람들에게 엄청난 충격을 주었다. 한마디로 현장은 아수라장이 되었으며, 아비규환의 지옥 그 자체였다. 9·11 자살폭탄테러 배후에는 오사마 빈라덴이 있으며 테러는 그의 추종세력 알카에다에 의해 자행된 것이다. 테러를 자행한 알카에다 요원들도 지하드에서 순교할 경우 하늘나라에서 수천 명의 천사가 다가와 환대하고 영웅으로 대접받는다는, 잘못된 세뇌교육에 현혹되어 폭탄테러를 자행한 것이다.

〈9·11 테러장면〉

♟ 자살폭탄테러 자행 이유

알카에다 조직이 자살폭탄테러를 감행하는 이유는 가장 손쉽게 피해와 반응을 극대화시킬 수 있고 자폭한 대원을 영웅화하여 많은 지원과 동참을 유도할 수 있기 때문이다. 그래서 자살특공대들은 장소와 시간을 가리지 않고 세계 곳곳에서 친미성향의 불특정 다수를 상대로 자살테러를 감행하고 있다.

♟ 오사마 빈라덴과 알 자르카위

오사마 빈라덴은 태어난 이슬람 원리주의자로 반미인사, 이집트 과격단체들과 동맹을 맺고 테러조직 알카에다를 조직하여 국제테러를 지원하고 있다. 9·11 테러를 배후에서 지원한 것으로 추정되는 자 역시 빈라덴의 핵심추종자로 점조직을 활용, 비밀리에 테러계획을 수립하고 실행명령을 내린 것으로 보인다.

한편, 37세 요르단 출신 알 자르카위는 이슬람 과격무장단체 '유일신과 성전'을 이끌고 있으며 야만성과 대담성을 지닌 과격한 테러리스트이다. 미국인 닉 버그를 참수시키면서 직접 칼을 들이댄 복면의 테러리스트가 바로 알 자르카위이며, 또한 폭탄제조 전문가로 빈라덴에 충성을 맹세하는 등 빈라덴의 오른팔 역할을 수행하고 있다. 리처드 미합참의장도 그를 일컬어 "어떤 일도 저지를 수 있는 가장 독한 극단주의자"라고 말한 적이 있다.

〈오사마 빈라덴〉

♟ 알카에다의 무엇을 경계해야 하는가

첫째, 불나방식 죽음을 축복이라 생각하는 광신적 믿음을 경계해야 한다. 하나밖에 없는 목숨에 누구든지 애착을 가지게 마련이지만 알카에다는 자살폭탄테러를 가장 성스러운 순교라고 말하고 있으며 테러리스트가 되는 순간 순교자로 선택된다고 말한다. 이러한 그릇된 종교적 신념과 세뇌교육 때문에 오늘도 많은 무슬림들이 자살 특공대가 되기 위하여 줄을 서고 있다.

둘째, 상상을 초월할 정도로 참혹한 알카에다식 테러행위를 경계해

야 한다. 가나무역의 김선일 씨가 살려달라고 그토록 애타게 호소하였지만, 결국에는 무참하게 참수하는 것을 지켜보면서 우리는 알카에다 조직의 잔인무도함을 새삼 느낄 수 있었을 것이다. 그 누가 감히 여객기를 이용 세계 최강대국 미국의 110층짜리 세계무역센터에 자살폭탄 테러를 감행할 것이라 상상이나 했겠는가?

셋째, 바로 우리가 테러 대상이었다는 사실을 주지해야 한다. 알카에다 조직은 한국 내 미군시설을 테러 대상으로 삼아 김포공항에서 이륙하는 항공기 3대를 공중 납치할 계획을 세웠던 것으로 밝혀져 충격을 주고 있다. 아랍권 극렬 테러단체는 "대한국 테러"선포를 하고 한국군이 이라크에서 철수하지 않으면 서울을 불태우겠다고 위협하고 있다. 이러한 점들을 미루어 볼 때 알카에다 조직의 테러 행위를 남의 집 불구경을 하듯 볼 것이 아니라 당면한 우리의 문제로 인식해야 할 것이다.

넷째, 알카에다는 비밀스러운 점조직에 의해 운영되는 테러집단임을 경계해야 한다. 알카에다는 3억 달러에 달하는 자본력을 바탕으로 비이슬람권 국가까지 포함한 34개국에서 점조직으로 활동하고 있으며, 이집트의 이슬람원리주의 조직인 지하드와 이슬람 과격단체를 묶어 알 지하드로 통합하였다. 또한, '자살테러학교'를 추가로 설립하고 체계적인 군사교육과 함께 정신무장을 위한 종교교육을 시키고 있다. 세계가 이들을 가장 두려워하는 이유는 불특정 다수를 테러대상으로 하고 있고, 종교적 신념에 의해 불나방같이 테러 대상에 뛰어든다는 사실이다.

♟ 만일의 테러위협에 대비해야

　우리는 각종 테러 위협에 노출되어
있다. 우리나라에는 테러집단이 철천지
원수같이 여기는 주한미군이 주둔해 있
고, 정부가 자이툰 부대를 이라크에 파
병함에 따라 과격 이슬람 단체가 항공
기 납치 등의 테러를 계획하는 등 심각
한 상황에 직면해 있다. 또한 다른 한편

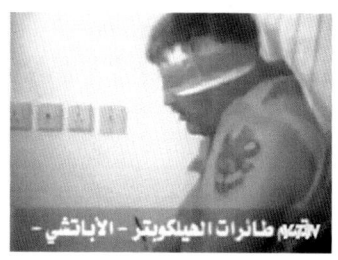

〈알카에다 테러장면〉

으로는 핵을 보유하고 있는 북한으로부터의 테러위협을 간과해서는
안 된다. 아웅산 테러, KAL피격, 울진·삼척 무장공비침투, 동해안 침
투 등 사례는 수도 없이 많다.

　죽음을 두려워하지 않고 테러를 자행하는 이들에 대응하기 위해서
는, 자살폭탄테러 집단에 대한 연구를 통해 철저한 대비책을 마련해야
할 것이다.

> 　전장에서 필요한 지휘관이란 어떠한 경우에도 냉
> 정하고 정확한 판단을 내리고, 그 판단을 용감히 실
> 현할 수 있는 인물이다.
>
> — 니미츠 —

† 국제테러 원조 북한의 주체사상

♟ 북한의 주체사상

북한을 움직이는 핵심적인 지도이념은 '주체사상'이다. 그런데 오늘날 많은 사람들이 주체사상의 의미를 정확하게 파악하지 못하는 것 같다. 주체사상의 외연과 내연의 의미가 서로 다르기 때문에 혼란은 가중되고 있다. 북한 지도부는 대중에게 선군정치에 대한 주체사상을 '우리식 삶'의 상징으로 인식시키려 하고 있는데, 이것은 주민을 통제하고 장악하려는 의도가 이면에 깔려 있음을 주지해야 한다. 이처럼 이면적인 내면의 의도를 드러내지 않은 채 북한에서조차도 주체사상은 북한식 삶의 논리체계로 이해되고 있는 경향이 지배적이다.

♟ 주체사상의 문제점

주체사상에는 많은 문제점들이 드러나 있다. 주체사상 사회역사 원리에서 역사의 주체로 규정되는 인민대중의 자주성 실현을 위해서는 반드시 수령의 지도가 필요하다고 못 박고 있는데, 역사의 주체라고 선언한 인민대중에게 역사의 주체가 되기 위해서는 지도가 필요하다는 전제를 내세움으로써 결과적으로 이 절대명제를 훼손시키고 있다. 즉 주체사상은 인민대중과 그들의 자주성 실현 사이에 수령의 지도를 매개시킴으로써 자주성 실현 주체인 인민대중을 사실상 역사에서 피동적인 위치로 전락시키고 있다.

♟ 북한의 대남혁명 전략 전술

북한의 대남 전략을 제대로 이해하자면 지금까지 그들이 보여 온 대남 전략의 전개과정을 재조명해 볼 필요가 있다. 북한은 외관상으로 많은 변화가 있어온 것으로 보이나 그것은 전술적 변화일 뿐이다. 40여 년간 한결같이 지속되어 온 북한의 체제와 이념, 독재 통치자의 속성 등 그 본질적 요소들은 외부적 조건에 따라 쉽게 변하지 않는다. 왜냐하면 북한은 유일사상, 유일체제, 유일한 지도자밖에 없는 사회이기 때문이다.

〈6·28 서울시가지 북한군〉

북한의 대남전략에는 다음과 같이 다섯 가지의 전략이 있다.

첫째로 '혁명기지 전략'이 있다. 이는 북한 지역을 혁명근거지로 공산혁명을 완수하려는 전략이다.

둘째로 '남조선 혁명전략'이 있다. 이는 북한 주민들에게는 북한 지역의 혁명기지화 필요성을 강조하고, '남한혁명은 남한 인민이 주체'가 되어야 함을 강조함으로써 남북한의 공산혁명 역량을 동시에 강화하겠다는 양면전략인 것이다.

셋째로는 '통일전선전략전술'이 있다. '통일전선'전략전술은 지하당전술과 함께 사회주의혁명 완수를 위해 사용하는 북한이 가장 중요시하는 투쟁전술이다. '통일전선전술'이란 힘이 부족하여 적을 1대1로 타도할 수 없을 때 다른 세력과 일시 제휴하여 적대세력을 단계적으로 타도해가는 공산주의 혁명전술이다.

넷째로는 '남북대화의 이원화 정책'이 있다. 이는 당국 간의 대화보다 정당이나 사회단체 등과의 비당국 대화를 선호하는 정책이다. 만일 당국 간 회담만을 중요시하게 되면, 대남 혁명에서 이른바 타도대상과 대화를 하는 것이 되기 때문에 자체모순에 빠지게 된다. 따라서 북한이 대남적화혁명을 포기하지 않는 한 북한은 당국 간 회담은 명분으로 이용하고 비당국 대화를 선호할 것이다.

다섯째로는 '통일전선체 형성전략'이 있다. 북한은 남한 내에서 통일전선을 형성하지 않고는 대남혁명, 즉 북한 주도하의 적화통일을 실현할 수 없다고 보고 있다. 통일전선 형성은 남한 내에 북한의 체제 및 통일방안을 지지하는 동조세력과 반체제 불만세력들을 하나의 '혁명전선체'로 조직하여 대남혁명을 완수하려 하고 있다.

♟ 북한의 주요 테러 사례

6·25 전쟁을 비롯한 북한이 저질렀던 대남도발 및 테러 행위는 수 없이 많지만 그중 대표적인 몇 가지를 소개하고자 한다.

첫째, 68년 1월 18일에 일어났던 북한 무장공비의 청와대 기습사건을 들 수가 있다. 북한군 제124군부대 소속 무장공비 31명이 휴전선 철조망을 절단하고 침투하여 서울 자하문 터널 부근에서 비상근무 중인 경찰에 발각되어 군·경과 교전을 벌였다. 이 과정에서 무장공비는 1명만 생포(김신조)되고 나머지는 사살되었다. 우리 측도 종로경찰서장을 비롯한 군·경·민 34명이 전사했다. 이들은 청와대 폭파와 요인암살, 고급지휘관 살해, 서빙고 간첩수용소 폭파 후 남파 간첩과의 대동월북 등의 임무를 띠고 있었다.

둘째, 미얀마 아웅산 묘소 암살 폭파 사건(83년)을 들 수가 있다. 북한은 미얀마를 친선 방문 중이던 전두환 대통령 및 수행원들의 아웅산 국립묘소 참배 시 묘소건물 천장에 설치한 원격조종폭탄을 폭발시켜 부총리·장관 등 수행원 17명을 순국게 하는 테러를 감행하였다.

셋째, KAL 858기 공중폭파 사건을 들 수가 있다. 87년 11월 28일 이라크 바그다드를 출발, 아랍에미레이트 수도 아부다비에 기착한 뒤 방콕을 향해 가던 대한항공 858편 보잉 707기가 북한 테러 공작원 김승일(70), 김현희(26)에 의해 미얀마 근해인 안다만 해역 상공에서 공중 폭발, 탑승객 115명 전원이 사망하였다.

마지막으로 가장 최근의 해군함정 서해교전을 들 수가 있다. 99년 6월 15일 북방한계선(NLL)을 넘어 우리 영해를 침범하는 북한 경비정과 어뢰정 10척을 우리 해군 고속정이 저지하는 과정에서 북한 경비정의 선제 기관포 공격을 받은 초계함과 고속정이 즉각 응사하면서 5분간 교전이 계속되었다. 이날 교전으로 북한 어뢰정 1척이 침몰하고 경비정 5척이 손상을 입은 채 북방 한계선 이북으로 퇴각하였다.

이 밖에도 북한은 수많은 테러행위를 통해 겉으로는 대화전략을 꾸미면서도 아직도 우리를 위협하고 있다.

♟ 대남전략의 근본적변화가 없음을 경계

우리는 '북한을 어떻게 보아야 할 것인가' 하는 문제에 부딪히며 살고 있다. 북한은 우리의 적인가 형제인가. 물론 북한은 우리의 적이면서도 순수한 북한 동포들은 형제이기도 하다. 북한은 남한을 적으로 규정하고 있고, 우리와 실제 적대관계에 있으며, 우리를 파괴할 충분한 군사능력을 가지고 있다는 점에서 군사적으로 '우리의 적'임에 틀림없다. 그러나 다른 한편 통일공동체를 실현해가기 위해서 우리가 숙명적으로 끌어안아야 할 형제들이다. 적이라는 '현실'과 끌어안아야 할 형제라는 '당위'가 모두 오늘의 북한 속에 공존해 있는 것이다. 결국 이러한 이중적 현실인식이 불가피한 상황에서 우리에게 필요한 것은 북한의 적대성을 감소시켜가며 공존과 동반자관계로 이끌어 나가는 지혜와 노력이라고 할 수 있다. **하지만 북한의 대남적화전략이 근본적으로 변하지 않는 한 6 · 15 남북정상회담 등 남북 간의 화해협력이 심도 있게 진행된다 할지라도 북한 사회는 결코 변하지 않음을 경계해야 하겠다.**

† 광신적 애국주의에 의해
전쟁의 광풍으로 몰아넣은 나치즘

♟ 파시즘의 정의와 기원 – '파쇼'는 결속과 단결을 의미

히 틀러의 망령이 되살아난다고 가정하면 당신이 유대인이라고 가정할 때 어떠한 반응을 할 것인가? 파시즘이란 1차 세계대전 직후인 1920년대부터 2차 세계대전 말기 1945년까지 이탈리아의 파시즘, 독일의 나치즘,

〈나치 문양〉

일본의 군국주의 등 세계의 독재적 정치 경제를 총칭하는 말이다.

파시즘은 이탈리아 B.무솔리니에 의해 처음 제창되었고 이탈리아어 파쇼(fascio)에서 유래되었다. 원래 이 말은 묶음이라는 뜻이었으나 결속, 단결의 뜻으로 전용되었다. 파시즘이 대두하게 되는 배경은 18세기부터 누적되어 온 사회적 불안, 제1차 세계대전 후의 만성적 공황, 전승국, 패전국을 막론한 정치적·사회적 불안에서 초래된 각종의 혁

명적 기운, 기존 정치세력이 사태수습 능력이 없는 무정부적 진공상태를 메우기 위해 파시즘이 등장한다.

♟ 파시즘의 체제의 공통점과 특징

파시즘 체제의 공통점으로 파시즘 체제는 일당독재 아래 국가의 폭력적인 치안장치를 방패로 국민의 기본적 자유권을 제한 내지 정지시키고 극우 이데올로기를 기초로 대항세력을 철저하게 탄압하여 체제 안정을 도모하는 것이다. 파시즘 체제는 독자적인 국가공동체 이념을 대외침략을 정당화하기 위한 근거로서 국가총동원 체제를 편다.

다른 각도에서의 파시즘의 공통점은 반합리주의. 부르주아 민주주의에 대한 광신적 독단주의, 불평등과 폭력이라는 2가지 기본원리에 의해 인종주의와 제국주의를 초래한다. 또한, 국제법과 질서를 부정, 증오 내지는 경멸에 바탕을 둔 엘리트에 의한 통치, 전 국민의 일체화·질서·복종을 강조한 전체주의화, 과거에 대한 향수와 민족주의, 지식인에 의한 반감과 이성의 불신 등이 파시즘체제의 특징이다. 뿐만 아니라 파시즘은 애국적인 모토, 슬로건, 상징, 노래 등을 끊임없이 사용하며 심지어 의복이나 공공시설물에도 파시즘을 상징하는 부표 등장, 필요에 따라 인권을 무시하고 인민들은 처형·암살·고문을 용인하는 경향, 비정상적으로 군사 부문에 투자확대와 군인과 병역의무 이상화, 언론 통제 및 언론사 검열의 일상화, 종교를 여론조작의 도구로 활용한 대중에 대해 공포감 조성의 합법화, 지식인들과 예술에 대한 경멸, 경찰의 무제한적인 권력행사와 부정선거 만연 등의 특성을 지니고 있다.

♟ 파시즘의 나치 사상

나치즘이란 3대 파시즘의 한 부류로서 히틀러를 당수로 하는 독일의 파시스트 당 '나치스'의 정치사상 및 체제를 말한다. 민주주의와 자유주의 가치를 배격하는 국가주의적 · 민족주의적 경향, 권위주의 엘리트들에 의해 일사불란한 지휘체제를 열렬히 옹호하였다. 즉 **나치 이념은 인종적, 생물학적 특징에 상당한 주안점을 두면서 인간세계를 자연의 세계와 같이 약육강식의 적자생존의 법칙(survival of the fittest)을 적용하여 오직 타 인종이나 국가와의 투쟁을 통해서만 위대한 독일제국을 건설할 수 있다는 쇼비니즘(광신적 애국주의, 일종의 극우 사상)에 기초한 사상이었다.** 1차 대전 패전 이후 독일인에게 미래 비전을 제시해 준다는 명목하에 히틀러에 의한 1당 독재가 시작되었으며, 나치스 친위대(SS)를 강화하고 비밀경찰로 하여금 정보를 위한 기관으로써 전 국민을 감시하였다.

♟ 나치 사상의 사생관

독일 민족의 적은 모든 인종의 적이며 특히, 유태인을 국가의 활력을 빨아먹으며 기생하는 것으로 간주, 강제수용소에 수용시켜 사회로부터 격리하거나 혹독한 학대와 대량 학살(The Holocaust) 등의 살육행위가 취해졌다.

히틀러가 무력만을 통해서 이렇게 독일 국민들을 하나로 결집시킨 것은 아니었다. 히틀러는 무력적인 방법만이 아니라 선전을 통한 대중

조작에도 큰 힘을 쏟아 부었으며 민주주의의 전통이 결여되고 있는데 다 민주정당 정치가들과, 공산주의자들의 어리석고, 위험한 행동을 목격하면서 사회 각층의 불만분자들의 가장 깊숙한 원망, 기대, 불안과 운명감을 표현할 수 있는 카리스마적 지도자에 대한 동경으로 히틀러가 등장하게 되는 배경이 되었다.

♟ 아직도 살아 있는 히틀러 망령

2차 대전 발발 후 60여 년 기간 동안 현대 산업국가의 최초의 독재자이며, 강력한 영향력을 행사한 히틀러식 투쟁을 통해서만 위대한 독일제국을 건설할 수 있다는 쇼비니즘(광신적 애국주의, 일종의 극우사상)을 경계해야 하고 독일 민족이 속하는 아리안 인종이 최고라는 의식하에 특정 인종을 터부시하는 것은 물론, 대량학살 등의 살육행위를 일삼는 잔혹성을 경계해야 한다. 군국주의에 의해 강력한 군사국가 건설을 위해 비밀경찰을 조직하여 8천만의 국민을 감시하고 보도통제와 종교를 여론조작화로 활용, 선전·선동을 통해 대중에게 공포감 조성을 합법화하는 것을 경계해야 할 것이다.

히틀러의 망령은 때에 따라 곳에 따라 여러 가지로 모습을 바꿔가며 아직도 세계의 여러 곳에서 살아가고 있다. 따라서 우리는 파시즘에 대한 경계를 늦춰서는 안 될 것이다. 특히, 히틀러에 의한 광신적 민족적 애국주의에 의해 독일 국민들을 불안과 공포 속으로 몰아넣은 것은 물론 유대인이라는 이유 하나만으로 대량 학살시킨 나치즘의 망령에 의해 아직도 수많은 사람들이 후유증에 시달리고 있음을 잊어서는 안 될 것이다.

† 칼과 벚꽃으로 다시 태어나는 일본의 무사도

♟ 일본 국가발전을 주도해 온 무사도

일 본 사회가 다른 나라와 크게 차별화되는 것은 800여 년간의 장기 무인통치의 역사를 이루어왔다는 것과, 군부의 핵심세력으로서 국가의 지배계급이었던 무사(武士)가 국가의 통일, 근대화, 학문과 예술의 발달, 국제적인 지위 향상 등 국가발전을 주도해 왔다는 사실이다.

중세 일본은 왕권국가로서 왕이 전권을 가졌던 한국의 역사와는 달리, 무인이 국가의 태동과 발전 단계에서 선도적으로 기여해 왔다. 즉 야마도(大和)정권 이후 황족의 외척에 의해서 국가를 통치하기 시작하면서 정치가 혼란해지고 귀족과 사원이 토지의 사적 소유 형태인 장원을 확보하면서, 이

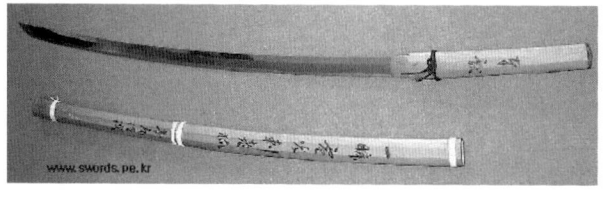

〈일본도〉

를 관리하고 확대하기 위하여 힘이 필요하게 되어 무사가 자연스럽게 태동하게 된다. 일본의 무사는 점차 그 세력을 확대하여 무사단 세력 간의 권력 투쟁형태로 전개되고, 힘없는 황족과 귀족 세력을 견제하기 시작하면서 점차적으로 중앙권력을 장악해 나갔다.

이러한 무인통치의 역사는 1192년 가마쿠라막부에 의해 시작된 이래 도쿠가와막부까지 700여 년간 단절 없이 지속되어 왔다. 명치 정부 역시 무사 주도에 의해 성립된 이래 태평양전쟁에서 패망할 때까지 100여 년간 군부통치의 역사로 점철되어 왔으며, 이로 인해 무인지배 사상이 국민의 의식 속에 뿌리내릴 수 있었다.

일본의 무사도는 명분상으로는 봉건체제가 무너지고, 메이지유신이 성공하면서 종지부를 찍은 것으로 되어 있다. 왜냐하면 정치형태가 전환되면서 사무라이의 전형적인 표식이었던 '다이토(허리에 차는 일본도)'가 금지되었기 때문이다. **사무라이가 없어지면 무사도도 자취를 감추는 것으로 생각되기 쉬우나, 실은 무사 없는 일본에 '무사도 정신'만은 여전히 그들의 생활 속에 숨쉬고 있다.**

♟ 주군을 위해 절대적 충성을 맹세한 무사도

무사들은 고매한 교양과는 달리 마술, 궁술, 검술 및 병사의 통솔과 같은 기능을 중시하였다. 그들은 충성이나 명예, 대담성 및 검약 등의 인격적인 자질을 고양시켰다.

무사는 실전에서 어려운 생활을 감내하도록 되어 있었고, 이를 위해 평소에도 엄격한 훈련을 실시하는 등 육체적인 엄격함은 바로 인격도야의 길로 믿고 참아내었다.

무사는 주군에 대한 충성을 맹세할 뿐만 아니라 명령에 대해서도 절대적으로 복종하는 군기를 중요시하였으며 투박함, 솔직성과 행동으로 보이는 솔선수범을 신성시하였다. 땀은 흘린 땀방울만큼 농작물을 생산하고 사치스러움은 태만에 이른다는 이유 때문에 무사는 검소함을 중요한 미덕으로 삼았다.

♟ 일본 무사의 혼을 상징하는 칼과 벚꽃

일본 무사계급의 중요한 상징은 칼과 벚꽃인데 칼은 사무라이 정신을 나타내고, 벚꽃은 꽃잎이 단 한 번의 바람결에 저버리듯 주군을 위하여 언제든지 후회 없이 목숨을 바칠 수 있음을 나타내었다.

일본인에게 무사도는 도(道)의 상징이며, 이를 '무사의 혼'이라고 부른다. 무사도에 있어서 칼은 무용의 상징으로서 충성과 명예를 의미하였다. 사무라이의 아들은 어려서부터 칼을 잡는 법을 배우며 5세가 되면 사무라이 정장을 하고 칼을 허리에 차게 되는 무인식행사를 하였다. 이러한 전통이 승계되어 메이지시대 이전은 물론이고 그 이후에도 전장에 출정하는 장교들은 정장을 입고 허리에 차고 있는 칼을 뽑아 보이며 자랑하는 장면을 곳곳에서 볼 수 있었다.

사쿠라(櫻花 : 벚꽃)는 일본의 국화이다. 필 때는 화사하게, 질 때는 한꺼번에 깨끗이 지는 것에 비유하여 남아의 기상과 의연한 죽음, 주군에 대한 충성과 절개를 표현하는 것으로 간주되었다. 따라서 무사들은 이것을 꽃 중의 꽃으로 흠모하였으며, 유사시 벚꽃처럼 의연히 죽는 것을 최고의 명예로 생각하였다. **벚꽃이 피고 지는 것을 무사도의 사생관으로 연결, 할복자결로 표출되었으며, 후일 일본 제국주의 군인에게도 아름다운 죽음으로 상징되는 등 많은 영향을 주었다.**

예를 들면 가미가제 특공작전에 투입된 젊은이들은 벚꽃처럼 아름다운 죽음을 맞고 싶다고 기원했던 점이나, 파벌의 이름으로 '앵회'를 결성한 것은 벚꽃의 의미를 소중하게 여기자는 측면에서 일맥상통한 것이라 하겠다.

♟ 죽음을 의(義)롭게 여기는 무사도

무가정권을 통하여 일본 사람들에게 숭무사상이 뿌리를 내렸으며, 특히 도쿠가와 막부에 들어와서야 계승 발전되어 온 숭무전통을 바탕으로, 유교의 충효사상 및 불교의 선사상이 뒷받침되어 무사도가 완성된 것으로 판단된다.

무사는 '사무라이'로서 영주의 충성스러운 부하이다. 무사와 영주 사이에는 충성과 의리의 주종관계를 이루고 있으며 자기희생과 인간적인 신뢰가 근본을 이루고 있다. 유럽의 기사도와 한국의 화랑도는 특수층에 해당하는 귀족계층이 주류를 이루고 있었으나, 일본의 무사도는 신분에 관계없이 정신 윤리화되어 지배계급과 피지배계급을 막론하고 모든 일본인의 의식 속에 뿌리 깊게 잠재할 수 있었다.

무사도는 무인통치 기간에는 행동철학으로, 제2차 세계대전 이전에는 일본 군국주의 전쟁을 통해서는 '가미가제' 정신 및 '셋뿌꾸'정신으로 계승되어 왔고 패전 후는 약 40여 명의 문 무인이 패전에 책임을 지고 자결함으로써 일본정신을 대변하여 왔다. **이러한 무사도에 의한 정신문화는 일본이 전후 민주주의국가로 발전하는 과정에서 책임성이 수반되는 자기희생정신으로 승화되어 자위대를 포함한 많은 사회집단에서 계승되고 있다.**

♠ 매일 죽는 것만을 생각하고 죽음을 예찬하는 무사들의 사생관

에도 시대의 무사들의 필독서의 하나였던 '히가쿠레'에는 "무사도란 죽는 것이다. 매일 조석으로 거듭 죽어서, 항상 죽어 있는 것과 같은 상태일 때는 무도(武道)에 자유를 얻어 일생 동안 대가없이 가업에 충실할 수 있는 것이다"라면서 무사도란 바로 죽는 것을 터득함을 의미한다는 사생관을 강조하고 있다.

그리고 에도시대의 병법가였던 다이도오지 유우장의 '무도초심집'에서도 **"무사가 되고자 하는 자는 정월 초하루 아침에 떡국을 먹기 위하여 젓가락을 들기 시작할 때부터, 그해 섣달 그믐밤까지 매일 주야로 항상 죽음을 생각하는 것이 그 본의를 깨우치는 첩경이며, 이렇게 하면 충·효의 길과도 상통한다."**라고 하여 무사들의 사생관을 강조하였다.

일본의 근대 사상가인 요시다 쇼인은 "무사가 무사인 까닭은 나라를 위해 목숨을 아끼지 않는 것이지, 무예에 있는 것이 아니다. 나라를 위해 목숨을 아끼지 않는다면 무예가 없다 해도 무사이다."라고 말하며 무사의 나라를 위한 죽음을 강조하고 있다.

〈가부키 주신구라〉

이 세 가지 사례들이 일깨워주는 공통점은 무사들은 평시부터 죽음을 생각하고, 매일 매일을 성실하고 진실하게 살아야만 유사시에 훌륭하게 죽을 수 있는 용자가 될 수 있으며, 유사시 나라를 위해 목숨을 바치는 것을 두려워하지 않는 무사가 진정한 무사임을 일깨워 주는 것이다.

무사는 끊임없이 죽음의 위협과 함께 살아야 했으므로, 죽음에 대해서는 명예와 의리를 앞세워 비교적 초연하였으며, 죽음의 방법에 대해서는 대담하였다.

♟ 자신의 결백함과 성실함을 증명한다는 할복의식

비수로 자신의 배를 가르는 할복(割腹: 하라키리)은 외국인에게는 매우 기묘하게 보이는 사무라이의 자살방식이다. 일본에서는 '하라키리'보다 절복(切腹: 셋뿌꾸)이라는 말을 많이 쓴다. 그렇다면 왜 하필

이면 배를 가르는 것일까? 신체 가운데 특히 배를 선택해서 가르는 것은, 그 부분이 영혼과 애정이 깃드는 곳이라는 그들 나름의 해부학적 신념에 바탕을 둔 것이다.

'무사도'의 저자 니토베는 할복을 결행하는 사무라이의 심리상태를 다음과 같이 설명했다. **"나의 영혼이 깃든 곳을 열고 당신에게 그것을 보여주겠소. 더러운지 깨끗한지는 당신 스스로 보세요."**

사무라이에게 할복은 하나의 법 제도이며, 동시에 의식 전례였다. 그 **것은 사무라이가 스스로의 잘못을 깨닫고 지은 죄를 사죄하거나 불명 예를 피하기 위해 스스로 성실함을 증명하는 방법이었다.** 할복의식에는 개착인(介錯人)이라는 존재가 보조역할을 한다. 개착인은 사무라이가 자기 비수로 배를 그으면 즉각 그의 목을 베어준다. 개착인의 역할은 대개 할복하는 자의 일족이나 친구 중 검술에 능숙한 자가 맡는다.

전투에 패한 후 할복할 기회를 잃고 적에게 붙들려 참수형을 당하는 것은 무사의 수치였다.

♟ 다도를 통한 심리적 안정 도모

무사들의 사교적인 수단이었던 '다도'는 아시카가 씨가 교토의 무로마치에 막부를 열고 정치를 펴 갔던 1396년에서 1577년 사이의 막부시대에 싹이 터서 도요토미 히데요시가 임진왜란을 일으킨 시대의 센노 리큐우에 이르러 완성을 보게 된다. **도요토미 히데요시는 전국시대 이래로**

불안정한 서민의 마음을 가라앉히고 거칠 대로 거칠어져 우아함을 잃은 무사들의 마음을 부드럽게 하려는 목적으로 다도를 적극 활용하였다.

무사들은 다도를 불교의 사상과 연결시켜 '일기일회(一機一會)정신'으로 승화시켰다. 즉 다도에서 갈고 닦은 일기일회 정신은 칼이 지배하는 사무라이 시대에서 단 한 번의 실수는 곧 죽음을 의미하며 더 이상 살아남을 기회가 주어지지 않는다는 데 그 뜻을 같이 하고 있다. 이렇게 무사집단을 통해서 계승 발전된 다도는 선(禪)사상과 접목되어 '선다일여(禪茶一如)'와 '다선일미(多禪一味)'의 높은 품격과 깊은 경지로 발전하였으며 한마디로 일본인의 긍지와 자존심을 안고 있다.

즉 무사는 리더로서 사심을 버리고 깨끗이 살 것과 나라를 위하여 생사를 항상 각오하면서 살 것을 강조하고 있는 것이다. 무사들은 바로 예술에 정진함으로써 정신을 깨끗이 하여 청렴결백의 정신을 구하고 대를 위해 자신을 희생하는 인격을 도야하려고 노력하였다.

♟ 은원은 반드시 갚고 나라를 위해서는 기꺼이 죽을 수 있어야

은원(恩怨)은 반드시 갚는다는 복합적인 의미의 의리(義理)와 자신의 죽음을 가볍게 여기는 결연한 태도에 있다.

주군(主君)을 위하여 전투를 수행하고 그 대가로 은급(恩級)을 받아 생활하는 사무라이에게 있어서 은급을 하사하는 주군에 대한 의리는 곧 자신의 존립 근거가 된다. 마찬가지로 자신과 주군에 대한 모욕에 대해서 반드시 복수하는 것을 의리를 지키는 것으로 간주되었다. 이러한 의리의식은 현대 일본인의 많은 특징 중에서도 중요하게 다뤄지기 때문에, 올바른 이해 없이는 일본을 제대로 안다고 말할 수 없다.

죽음을 항상 염두에 두고 생활하는 자세는 사무라이 정신의 또 다른 핵심이다. 일본의 사무라이는 죽음에 대한 두려움을 극복하여야만 무사로서의 자기 가치를 드러낼 수 있었기 때문에 자기 몸조차 사르는 광폭(狂暴)함을 미덕으로 삼고 불교의 윤회(輪廻)사상과 선(禪)의 힘을 빌려 죽음에 초연해지고자 노력하고 있다. 할복은 죽음을 기꺼이 받아들이는 사무라이의 정신을 극명히 드러내 보여주는 행위로서 언제나 칭송받았다.

이러한 사무라이 정신은 에도시대까지만 해도 무력을 독점한 특정 계층만의 정신적인 규범이었다. 하지만 명치유신 이후 사무라이 계급이 사라지고 천황을 중심으로 한 중앙집권체제가 탄생하자 천황은 전 국민들에게 사무라이 정신을 강요하였다. 1882년에 명치천황은 <군인칙유>에서 **"의는 준령보다 무거우며 죽음은 깃털보다 가벼운 것임을 명심하라"**고 하였는데 이는 곧 막부시대에 장군에게 바치던 맹목적인 의리를 천황에게 향하도록 하려는 것이며 천황을 위하여 목숨까지 바치라는 냉혹한 요구였다. 또한 군국주의 말기의 일본군은 무사도의 사생관에 대한 잘못된 해석으로 무조건 맹종을 강요하였는데 가장 대표적인 것이 가미가제 특공대와 일종의 인간어뢰인 가이텡이었다. 가미가제 특공대는 2차 세계대전 당시(1944. 7.) 일본군은 최악의 상황에 치닫는 전세를 만회하고자 인간이 비행기와 함께 적함에 부딪히는 비인간적인 자살공격이었으며 가이텡도 반잠수정으로 적함에 접근하여 충돌 시 자폭장치를 터뜨려 폭발되도록 고안되었고 연료는 편도거리만을 충전해줌으로써 실패 시에 죽을 수밖에 없었다. 결국 일본 천황은 국민 무사도의 이름 아래 숱한 자국의 병사들을 사지로 몰아넣었다.

♟ 변질된 일본의 충성심 경계

일본 무사도가 변모해오는 과정을 살펴보면서 주목해야 할 점은 맹목적인 '충성심'이다. 일본무사의 경우 충성이라 함은 주군에 대한 충성으로 일관되어 왔으나 명치유신 이후에는 천왕에 대한 충성, 나아가서는 국가에 대한 충성으로 변모하였다. 이러한 변질된 '일본의 충성심'에 대해 경계해야 할 점은 다음과 같다.

첫째, 일본 무사도의 잔혹성을 경계해야 한다. 무사들은 자신에게 은급을 하사하는 주군에 대한 맹목적인 충성을 다하는 것이 아무리 사악하고 잔인하다고 할지라도 사무라이 정신의 가치 체계하에서는 당연히 수행되어야 할 의무로 도덕적 갈등을 유발하지 않는다. 그러나 도덕적 가치를 전혀 개의치 않는 맹목적 충성심은 일본군이 우리나라와 중국을 침략했을 때 생명을 빼앗고 잔혹한 만행을 저지르면서도 미소를 짓는 데에서 그대로 드러내었다. 일본군은 스포츠라도 하듯이 일본도로 머리 베기 시합을 했고 노소를 가리지 않고 강간 살해를 일삼았으며 심지어는 어린 아기들조차도 바닥에 내동댕이쳐 죽이는 잔혹성을 경계해야 한다.

둘째, 일본 군인의 생명 경시 사상을 경계해야 한다. 일본 무사도의 정신의 변형된 가미가제 특공대나 가이텡을 통해서 여실히 알 수 있다. 전세의 불리함을 만회하기 위한 수단으로 사용한 나는 인간폭탄, 인간어뢰를 공격의 꽃으로 미화하면서 수많은 인명을 희생시켰다. 이러한 행위는 이슬람교도에 의한 알카에다 자살폭탄테러와 별다른 차이가 없지만 일본 군인의 생명 경시 사상이 원조격이라 하겠다. 하지만 똑같이 자살폭탄테러를 감행했을지라도 종교적 신념에 의한 알카에다 조직에 의한 행위가 심도가 짙다고 하겠다. 왜냐하면 이슬람에서도 성전에서의 죽음은 축복이라 여기고 지원자가 끊이지 않는 반면, 일본군의 경우 상당수 젊은이들이 원하였거나 일본과 천왕을 위하여 죽음을 맞이하였던 것은 사실이나 대다수 장병들은 죽음의 공포와 싸워야 했으며, 죽음을 강요하는 천황군대의 체질을 증오하고 거기에서 탈출을 위해 방황하였음이 남긴 일기와 편지 곳곳에서 감지되었기 때문이다.

셋째, 일본의 양면성을 경계해야 한다. 사쿠라가 화려하게 짧게 피었다가 지는 것처럼 한일 정상회담을 통해 화해의 제스처를 하다가도 신사참배를 한다든가 엄연히 우리 땅인 '독도를 자기네 땅'이라고 우기는 것은 목적 달성을 위해서는 도덕적 가치를 개의치 않는 일본 무사도 정신을 경계해야 할 것이다.

한마디로 일본 무사도는 자신을 먹여 살려주는 주군에 대하여 도덕심, 수치심도 없는 맹목적인 충성을 다하는 것으로 자신의 죽음조차 두려워하지 않으며 칼과 벚꽃으로 상징되는 기형적인 일본정신의 본질을 제대로 이해해야 하겠다.

참고문헌

이민수, 위대한 군인정신 上(도서출판 봉명: 2001. 11. 23.)

이민수, 위대한 군인정신 下(도서출판 봉명: 2001. 11. 23.)

김충명, 전쟁 영웅들의 이야기(두남: 1997. 2. 10.)

김형광, 인물로 보는 조선사(시아출판사: 2002. 11. 21.)

송은명, 인물로 보는 고려사(시아출판사: 2003. 8. 12.)

홍량호, 한국의 명장들(정음문화사: 1998. 9. 5.)

국방부, 역사의 창으로 본 365일(국군홍보관리소: 1996. 10. 10.)

김태식, 화랑세기, 또 하나의 신라(김영사: 2002. 5. 20.)

김보영, 한 권으로 읽는 이야기 한국사(아이템북스: 2003. 8. 10.)

신성국, 의사 안중근(지평: 1999. 7. 20.)

니콜아브릴, 얼굴의 역사(작자정신: 2001. 7. 5.)

황원갑, 역사 인물기행(한국일보사: 1988)

여영무, 세계 명장 51인의 지혜와 전략(팔복원: 2004. 12. 5.)

베빈 알렉산더, 위대한 장군들은 어떻게 승리하였나(홍문당, 1995)

곽영달, 숨겨진 영웅들(명인홍보: 1994. 6. 20.)

윤영수, 불패의 리더 이순신(웅진 / 지식하우스: 2005. 6. 28.)

정신교육연구회, 한국의 군인정신(삼화출판소: 1979. 3.)

라종해, 고시 국민윤리(고시원: 1985)

국제문화재단편, 한국의 선비문화(시사영어사: 1991)

국방부, 한국민족사(국방부 정훈국: 1974)

국방부, 군대윤리(더우링 E&P: 2003)

국방부, 일일정신교육교재(군인공제회 문화사업소: 1999)

마이클S 스웨트남, 빈 라덴과 알-카이다(동아시아: 2001. 10. 22.)

정광수, 삼가 적을 무찌른 일로 아뢰나이다(정신세계사: 1989. 9. 25.)

홍사중, 히틀러(한길사: 1997. 1. 10.)

정토웅, 전쟁사 101장면(가람기획: 1997. 9. 1.)

양동주, 20세기 대사건 79장면(가람기획: 1996. 11. 7.)

사무엘W.크럼프턴, 승자와 패자가 만드는 백가지 전쟁(미토: 2002. 12. 27.)

서동만, 파시즘 연구(거름: 1982)

하정열, 일본의 전통과 군사 사상(팔복원: 1999. 2. 11.)

와카쓰키 야스오, 일본의 군국주의를 벗긴다(화산 문화: 1996. 8. 30.)

냐가미네 히데오, 일본군인의 사생관(을지서적: 1989. 12. 1.)

이완재, 화랑문화의 재조명(서경문화사: 1991. 4. 1.)

장 폴 사르트르, 아랍과 이스라엘(시공사: 1991)

이종성, 새로 쓴 현대 북한의 이해(역사비평사: 2000. 3. 10.)

신평길, 김정일과 대남 공작(북한 연구소: 1997. 3. 3.)

강신창, 북한학 원론(을유문화사: 1998. 5. 29.)

Joseps S bermudez, Jr, 북한과 테러리즘(고려원: 1991. 4. 30.)

소치형 외, 북한의 이해(건국대학교 출판부: 2002. 8. 30.)

A. 미쉘, 세계의 파시즘(청사: 1978)

배영수, 서양사 강의(한울 아카데미: 1992)

이준희 공군사관학교(31기)를 졸업하고 한국방송통신대학교 문학사(국어국문학전공), 연세대학교 대학원 정치학 석사(신문방송학전공) 그리고 경희대학교 대학원 정치학 박사학위를 받았다. 1983년 공군장교로 임관한 이래 공군 제10·11전투비행단 정훈참모, 교육사령부 정훈공보실장, 공군본부 정훈공보실 정책·계획장교, 국방부 정훈기획관실 시사안보담당 그리고 합동참모본부 공보실에서 기자들을 상대로 공보업무를 담당하였으며, 국방대학교 안보문제연구소 연구관을 거쳐 국방대학교 직무연수부 안보정책/홍보정책과정 교수로 근무하고 있다.

국방부 정훈기획관실 시사안보담당으로 근무하면서 '국방정신교육지침'을 전군에 배포하였으며, 공군교육사령부에서 「전사속의 살신성인」을 편역하여 6개월간 국방일보에 연재하였고 「전쟁과 정신전력」을 편역하여 공군 입대장병 및 기간장병 대상 정신교육 참고자료로 활용되었다.

정치학 박사학위 논문으로 제출된 "북한의 대남인식변화와 남북관계"를 비롯하여 주요 연구결과로 "북한군 정신전력 추진실태 분석(2003, 국방대 안보연구소)", "화전양면의 이중적 북한 통일정책에 관한 일고(2001, 국방대, 안보연)", "북한지도자의 대남인식변화와 남북관계(2004, 국방대, 안보연)", "신세대 특성을 고려한 정신교육방법(2004, 국방대, 안보연)" 등이 있다. 현재 경희대학교에서 「남북통일론」을 강의하고 있으며, '북한의 후계구도 구축에 관한 연구', '무형전력이 전쟁승패에 미치는 영향'을 연구하고 있다.

쉽게 읽는

전쟁영웅들의 리더십 이야기

• 초판 인쇄	2008년 7월 10일
• 초판 발행	2008년 7월 10일
• 지 은 이	이준희
• 펴 낸 이	채종준
• 펴 낸 곳	한국학술정보㈜
	경기도 파주시 교하읍 문발리 513-5
	파주출판문화정보산업단지
	전화 031) 908-3181(대표) · 팩스 031) 908-3189
	홈페이지 http://www.kstudy.com
	e-mail(출판사업부) publish@kstudy.com
• 등 록	
• 가 격	25,000원

ISBN   978-89-534-9571-5 93390 (Paper Book)
         978-89-534-9572-2 98390 (e-Book)